美丽乡村的规划建设与模式选择

——基于甘肃的经验

何苑　邓生菊／编著

图书在版编目（CIP）数据

美丽乡村的规划建设与模式选择：基于甘肃的经验/何苑，邓生菊编著.—北京：经济管理出版社，2019.12
ISBN 978-7-5096-6955-6

Ⅰ.①美… Ⅱ.①何… ②邓… Ⅲ.①乡村规划—研究—甘肃 Ⅳ.①TU982.294.2

中国版本图书馆 CIP 数据核字（2019）第 287884 号

组稿编辑：杨 雪
责任编辑：杨 雪 王莉莉
责任印制：黄章平
责任校对：陈 颖

出版发行：经济管理出版社
（北京市海淀区北蜂窝 8 号中雅大厦 A 座 11 层 100038）
网 址：www. E-mp. com. cn
电 话：（010）51915602
印 刷：三河市延风印装有限公司
经 销：新华书店
开 本：720mm×1000mm/16
印 张：13.75
字 数：221 千字
版 次：2019 年 12 月第 1 版 2019 年 12 月第 1 次印刷
书 号：ISBN 978-7-5096-6955-6
定 价：55.00 元

前言 PREFACE

美丽乡村建设是在新形势下以新发展理念为指导的深刻的农村综合变革，是升级版的社会主义新农村建设。它既秉承了“生产发展、生活宽裕、乡风文明、村容整洁、管理民主”等新农村建设的目标要求，又更加注重生态环境保护和资源节约利用，更加关注人与自然和谐相处，更加关注农业发展方式转变，更加关注保护和传承农业文明，体现了新时代乡村建设的目标和要求。

甘肃省在全力推进美丽乡村建设中，立足农村复杂而特殊的环境基础和区域差异，保持乡村的田园景观、自然风貌和传统民俗特色，努力构建完善的基础设施和公共服务体系，不断向“村美、民富、宜居、文明”的美丽乡村转变，走出了一条具有陇原特色的美丽乡村建设之路。

本书将美丽乡村置于我国乡村建设的历史长河中去考察，又放眼世界对比分析和借鉴了国外乡村建设的经验，尤其考察了近年来我国美丽乡村建设中涌现出的“安吉模式”“永嘉模式”和“江宁模式”等成功模式。我们看到，既有的模式立足于特定的发展阶段和环境条件，一些地区美丽乡村建设实践也显现出诸多问题，如盲目撤并村庄建集中居住区、破坏乡村原生态环境等。在西部内陆省区，农村经济社会发展水平普遍较低，特别是像甘肃这样的西部欠发达省份，乡村建设欠账多、困难大、任务重，如何立足省情实际，探索适合自身的美丽乡村建设道路就显得尤其必要。

为此，本书聚焦甘肃特殊省情，深入张掖、陇南、庆阳、天水、甘南等典型区域进行实地调研和思考研讨，以甘肃美丽乡村建设为典型案例开展全面、系统、多角度的深入研究，是一部西部欠发展地区美丽乡村建设的专题研究。

本书以国家实施乡村振兴战略为背景，基于我国乡村建设历程和发展战略与政策的演变，在分析国内外乡村建设典型模式、经验和启示的基础上，全面梳理了甘肃美丽乡村建设的推进过程、主要做法、建设成效和主要经验，通过构建评价指标体系和开展问卷调查，对甘肃美丽乡村建设绩效进行了多角度综合评估，归纳提出甘肃美丽乡村建设的“全域生态旅游模式”“城乡融合模式”“历史文化传承模式”“社区模式”“石节子村大地艺术模式”“生态文明小康村模式”等典型模式，深层次分析了美丽乡村建设中存在的主要问题，提出了乡村振兴战略下甘肃美丽乡村建设的战略构想、总体思路、建设途径和制度创新。随着“美丽中国”的不断推进，甘肃省美丽乡村建设面临更大的发展机遇。未来农业必将成为有潜力的产业，农村成为青山绿水、人人向往的美丽家园。

目录

CONTENTS

绪　论

美丽乡村建设已成为中国社会主义新农村建设的代名词，全国各地正在掀起各具特色的美丽乡村建设热潮。建设美丽乡村是适应我国经济社会发展的新形势，深入推进社会主义新农村建设的重大战略，是推进生态文明建设、改善农村生产生活环境、全面深化农村改革、推动农业现代化发展、促进城乡和工农协调发展、惠及农村千家万户、实现农民安居乐业的基础性工程。

一、乡村振兴战略赋予美丽乡村新内涵

改革开放以来，农民生产生活水平明显提升，农村面貌大为改观。但是，随着工业化和城镇化的快速推进，2 亿多农民工进城，千万个乡村富足兴起的同时，不容忽视的是一些村庄的衰落以及广大农村存在的问题：农村的建设和社会发展明显滞后、农村生态环境恶化、社会公共服务滞后、基础设施薄弱、社会秩序失范、文化传承困难等，这些问题困扰着乡村的发展。空心村、留守儿童村、老人村和贫困村等在广大农村（尤其是西部农村）普遍存在。据住建部《全国村庄调查报告》数据显示，1978 ~ 2012 年，中国行政村总数从 69 万个减少到 58. 8 万个，自然村总数从 1984 年的 420 万个减少到 2012 年的 267 万个，年均减少 5. 5 万个。

推进美丽乡村建设，是补齐全面小康建设短板、加快实现农村基本现代化的突破口，同时也是贯彻“创新、协调、绿色、开放、共享”发展新理念的重大举措，统筹解决“三农”问题的重要途径。

1. 浙江“千万工程”到美丽乡村国家战略的实施

早在 2003 年，针对农村人居环境存在的实际情况，浙江省开始实施“千

村示范、万村整治”工程。2003 年至 2007 年 4 年间，浙江省完成了全省 1 万多个建制村的道路硬化、卫生改厕、河沟清淤等。2008 年，浙江省安吉县提出“中国美丽乡村”计划，出台了《建设“中国美丽乡村”行动纲要》，提出在 10 年左右，把安吉县打造成中国最美丽的乡村。

在“千万工程”和安吉美丽乡村经验的带动下，2010 年浙江省出台了《浙江省美丽乡村建设行动计划（2011-2015）》，以科学规划布局美、村容整洁环境美、创业增收生活美、乡风文明身心美为目标，深化“千万工程”，着力推进农村生态人居体系和生态环境体系建设。浙江省自实施“千万工程”和美丽乡村建设 15 年来，农村的面貌发生了巨大变化。目前，全省农村生活垃圾集中处理建制村全覆盖，卫生厕所覆盖率 98.6%，规划保留村生活污水治理覆盖率 100%，畜禽粪污综合利用、无害化处理率 97%，村庄净化、绿化、亮化、美化，造就了万千生态宜居的美丽乡村，为全国农村人居环境整治树立了标杆。2018 年 9 月，浙江“千万工程”获联合国“地球卫士奖”。①

美丽乡村在浙江全省大力实施并取得成功经验后，在一些省市也掀起了建设的热潮。2011 年广东省增城、花都、从化等市县开始着手建设美丽乡村，2012 年海南省也提出要以加快建设“美丽乡村”为抓手，加快全省新农村建设和农村危房改造步伐。

在总结地方经验的基础上，2013 年，原国家农业部办公厅发布了《关于开展“美丽乡村”创建活动的意见》，拉开了在全国建设美丽乡村的序幕。2015 年 6 月 1 日正式实施的《美丽乡村建设指南》，作为推荐性国家标准，为各地开展美丽乡村建设提供了框架性、方向性技术指导，使美丽乡村建设“有标可依”。②

2013 年中央农村工作会议强调：“中国要强，农业必须强；中国要美，农村必须美；中国要富，农民必须富”。美丽乡村建设逐步成为中国社会主义新农村建设的新时期代名词。

---

① 人民网．“千村示范、万村整治”扎实推进农村人居环境整治工作［EB/OL］．［2019-03-07］．http：//www.ce.cn/cysc/stwm/gd/201903/07/t20190307_31629150.shtml.

② 由国家质检总局、国家标准委发布。

2. 美丽乡村建设是新农村建设的升级版

美丽乡村是“美丽中国”必不可少的组成部分。2013 年中央一号文件第一次提出建设美丽乡村的奋斗目标，要求统筹做好城乡协同发展，进一步加快农村地区基础设施建设，加大环境综合治理和生态保护力度，促进农业增效和农民增收，真正提高广大农村群众的幸福感和获得感。

从我国乡村建设的历史视角下审视，美丽乡村建设既与 20 世纪展开的乡村建设运动、“新生活运动”截然不同，也与土改以来的农村农田水利建设不同，甚至也有别于新时期的社会主义新农村建设。

社会主义新农村建设的重点主要是基础设施和公共服务两个方面。美丽乡村建设重点是生态和文化建设。美丽乡村建设是在新形势下以新发展理念为指导的深刻的农村综合变革，它是顺应经济社会发展新趋势的升级版社会主义新农村建设。它既秉承和发展了“生产发展、生活宽裕、乡风文明、村容整洁、管理民主”等新农村建设的目标要求，又更加注重生态环境保护和资源节约循环可持续利用，更加关注人与自然和谐相处，更加关注农业发展方式转变，更加关注农业多元功能发展，更加关注保护和传承农业文明。美丽乡村建设的核心在于解决乡村经济发展、乡村布局与人居环境、乡村生态环境、乡村文化传承等问题。

习近平总书记指出，美丽中国要靠美丽乡村打基础，要继续推进社会主义新农村建设，为农民建设幸福家园；强调新农村建设一定要走符合农村的建设路子，注意乡土味道，体现农村特点，记得住乡愁，留得住绿水青山；强调乡村文明是中华民族文明史的主体，村庄是乡村文明的载体，耕读文明是我们的软实力，要保留乡村风貌，坚持传承文化；强调新农村建设要注意生态环境保护，因地制宜搞好农村人居环境综合整治，尽快改变农村脏乱差状况，给农民一个干净整洁的生活环境。习近平总书记的重要论述以“美丽乡村”建设为主题，为全面推进农业、农村、农民发展提供了基本遵循。

3. 美丽乡村是实施乡村振兴战略的重要载体

2017 年党的十九大提出了实施乡村振兴战略，强调农业农村农民问题是关系国计民生的根本性问题，按照“产业兴旺、生态宜居、乡风文明、治理有效、生活富裕”的总要求，加快推进农业农村现代化。2018 年中央农村工作会议对实施乡村振兴战略做出明确部署，确定了“八个坚持”的新理念新战略，提出在吸取新农村建设、美丽乡村建设经验的基础上，要“塑造美丽乡村新风貌”“持续推进宜居宜业的美丽乡村建设”。美丽乡村成为实施乡村振兴战略的重要载体。

相对于社会主义新农村的总体要求，乡村振兴战略的内容明显立意更高，内涵也更加丰富。具体来看，一是以前强调“生产发展”，现在要求“产业兴旺”，由“发展”到“兴旺”，目标要求更高，它要求培育和构建现代农业产业体系，以产业实现兴旺发展为核心，更好实现农村第一、第二、第三产业的深度融合发展，增强乡村振兴的产业支撑力。二是以前对农村面貌，要求做到“村容整洁”，现在要求实现“生态宜居”，就是要在外表干净整洁的基础上，加强农村资源环境的保护，统筹山水林田湖草生态体系，保护好我们宝贵的绿水青山，形成绿色生态宜居的良好环境。三是以前乡村要求“管理民主”，现在要求“治理有效”，就是要在加强基层民主法治建设的基础上，根据农村社会结构新变化，不断完善自治、法治、德治相结合的乡村治理体系，实现治理体系和治理能力现代化。四是以前要求做到“生活宽裕”，如今面向全面建成小康社会和基本实现现代化的目标，进一步提出要达到“生活富裕”，就是要实现农民持续稳定地增收，生活更加富足。当前，农村面貌发生翻天覆地的变化，农村水电路气房网等基础设施明显改善，农民收入明显提升，“生活富裕”已成为更高层次的发展目标，是在过去十多年乡村建设基础上提出面向未来的更高要求。

二、美丽乡村建设的甘肃实践

目前，我国在推进美丽乡村建设中已形成了安吉模式、永嘉模式、高淳模式、江宁模式等成功典型，取得了明显成效。但是，一些地方在加快美丽乡村建设的过程中，违背发展规律拔苗助长，忽视群众主体地位，盲目撤并村庄建集中居住区，忽视农业生产特性、庭院经济和特色景观旅游资源保护，导致农村特色丧失、人文元素破坏，美丽乡村的建设效果、建设任务、建设规划与标准还有待进一步巩固、完善和提高。

在理论层面，国内学者借鉴国外诸如韩国的“新村运动”、日本的“造村运动”、德国的“村庄更新”等乡村建设模式开展了大量研究；而实践层面，国内探索形成了以东部地区为主的美丽乡村建设典型模式，适宜西部内陆县市推广的模式还比较少。总的来看，国内学术界对美丽乡村建设的相关研究整体上还处于碎片化、零散化的初级阶段，政策宣讲和文件解读多，学术性不足；以描述性分析为主，探索性分析和对典型经验的比较分析少；研究视角和主体立场还比较单一，缺乏从综合视角和多元化主体视角进行分析，对这方面的研究还未形成系统的理论体系，研究还有待深化。特别是对甘肃这样一个地处西部内陆、乡村复杂多样的省份，全面建成小康社会和全面实现现代化的短板、重点、难点都在农村，对西部省份因地制宜地建设美丽乡村的实践探索缺乏系统总结与理论提升，亟须加快研究总结步伐，进一步推动实践探索。

2013 年以来，立足甘肃农村复杂而特殊的环境基础和区域差异，甘肃省因地制宜地精心谋划，全力推进美丽乡村建设。在美丽乡村的建设实践中，甘肃省走出了一条具有陇原特色的美丽乡村建设之路。

1. 突出重点，分层推进美丽乡村建设

与发达地区相比，甘肃省农村地区经济社会发展落后，自然条件相对恶劣，还存在着产业发展基础薄弱、基础设施相对落后、公共服务参差不齐、生态环境保护乏力、人居环境亟待治理、传统文化遗失凋敝等问题。美丽乡村建设基础弱、短板多、任务重、压力大，面临重重考验，成为全面小康建设的短板。在此情形下，全省按照国家和省委总体部署，积极发动群众，下定决心攻坚克难、因地制宜、创造条件、迎难而上、突出重点，分层推进美丽乡村建设。

2013 年 12 月，甘肃省委、省政府出台《关于改善农村人居环境的行动计划》（以下简称《行动计划》），从总体上对以“千村美丽、万村整洁、水路房全覆盖”为主要内容的农村人居环境集中改善行动做出全面部署，提出推进甘肃美丽乡村建设的三个层次及其具体要求。第一个层次，在全省所有行政村普遍开展以通村道路、安全饮水、危房改造为重点的基础设施建设；第二个层次，开展以脏乱差治理、人畜分离、垃圾污水处理、村庄绿化为重点的万村整治工程治理；第三个层次，开展以公共服务便利、村容村貌洁美、田园风光怡人、生活富裕和谐为重点的“千村美丽”示范工程建设。之后，围绕落实此《行动计划》，有关规划编制、改善农村人居环境实施意见等相继出台。2014 年 6 月，《甘肃省改善农村人居环境“千村美丽”示范村建设标准》出台，提出“千村美丽”示范村建设的总体要求是以“村村优美、处处整洁、家家和谐、人人幸福”为总体目标，以“基础设施完善、公共服务便利、村容村貌洁美、田园风光怡人、富民产业发展、村风民风和谐”为基本内容，着力打造可憩可游、宜业宜居、美化亮化的农村人居环境，形成一村一品、一村一韵、一村一景的美丽乡村格局。2014 年 10 月《甘肃省改善农村人居环境“千村美丽”示范村考核验收办法》出台，明确了对县市区和“千村美丽”示范村不同的考核内容。

甘肃省在美丽乡村建设实践中，加强规划编制、政策支持、制度保障、年度部署、业务培训、调研督查、跟踪落实等，强化对美丽乡村建设的实践指导和督促落实，以“产业发展、享有富足之美，民生改善、感受生活之美，环境优化、彰显生态之美，记住乡愁、承载文化之美，社会和谐、创建文明之美”为目标，取得显著成效。一些市县在改善农村人居环境中注重以美丽乡村示范村为主要基点，连点成线、连线扩面，着力辐射周边区域，形成了一批有特色、有亮点、有示范效应的美丽乡村示范带。

2. 因地制宜，打造独具特色的美丽乡村“甘肃模式”

甘肃地形狭长，不同地区在自然资源禀赋、地理气候条件、产业发展基础、社会经济水平及历史文化民俗等方面存在明显的空间差异。在推进美丽乡村建设的进程中，结合不同乡村发展的基础、优势和特色，准确定位，突出特色，因村施策，大胆创新，探索形成了康县生态旅游模式、金川区城乡融合模式、宁县历史文化传承模式、高台县社区模式、甘南生态文明发展模式、两当县红色文化模式、清水县新居建设模式、崇信县绿色发展模式、天水石节子村文化振兴模式等，走出了一条陇原特色的美丽乡村建设之路。

（1）康县的全域生态旅游模式。陇南市康县长期以来封闭落后，“山大沟深耕地少”。在美丽乡村建设中，康县发挥“绿水青山特产多”的优势，秉持“绿水青山就是金山银山”的发展理念，按照“统筹城乡一体发展、建设生态美丽康县、打造整县生态旅游大景区”的思路，把美丽乡村建设与特色产业发展、乡村生态旅游、精准扶贫、电子商务、乡村舞台建设等深度融合，逐步形成了“全县有亮点、乡乡有看点、村村皆景点”的生态旅游大景区。

一是注重村庄原生态风貌保护，坚持老村重在改造，新村重在建设，古村重在保护，充分展现了鸟语花香、山清水秀的田园风光，以及人与自然和谐共处的美好画卷。二是依据不同地域特色，根据全县350个行政村的自然条件和建筑风貌，总结规划了古村修复型、生态旅游型、环境改善型、产业培育型、易地搬迁型5种建设类型，使每个乡村都因地制宜地成为独具特色的美丽乡村。三是着力建设重要景区和核心景点，构建全域旅游。通过开发凤凰谷生态农庄体验型、大水沟美丽乡村感受型、何家庄环保工业观光型、油坊坝景区休闲养生型、严家坝特色农业观光型等一批高品质乡村旅游新景点，着力打造“三百里生态旅游文化风情线”。将全县境内150千米国省县道公路沿线景观带的打造纳入统一的发展规划，串联起69个美丽乡村，形成了康北历史文化游、康中田园观光游、康南生态风情游的互融互通网络格局，构建了全县生态旅游大景区。

（2）甘南的生态文明小康村模式。甘南藏族自治州在美丽乡村建设中，突出保护原生态风貌，将生态理念融合于民居、经济、环境、文化等各领域，节约资源能源消耗，最大限度地降低对自然生态环境的影响，打造了以舟曲县巴藏乡各皂坝村为代表的“生态文明小康村模式”。

甘南州围绕“突出民族特色、展现历史文化、体现生态山水”三大优势，先后成功举办了香巴拉艺术节、锅庄舞大赛、赛马大会等一系列节庆赛事活动，并获得了“最美中国·推动全域旅游示范目的地”的称号。甘南州通过将生态文明小康村建设与精准扶贫、环境卫生整治、特色产业培育等各项工作紧密结合，形成了“天蓝地美水清、村美院净家洁”的秀美画卷，实现了乡村美丽、群众富裕的新发展。

（3）金川区美丽乡村的城乡融合模式。金昌市金川区是传统工业大区，城镇化水平高，呈现“大城市、小农村”的城乡格局，具备较强的“以城带乡、以工哺农”的发展优势。金川区以“公共服务便利、村容村貌洁美、田园风光怡人、生活富裕和谐”为目标，确定了“中心城区—环城区—近郊区—远郊区”功能布局明确、分层梯度推进、开放互通融合的城乡空间体系。

金川区在美丽乡村建设中，加快农村新型社区建设，农村社会救助、农村低保、合作医疗等方面实现全覆盖，建立了城乡一体的户籍登记管理制度，推进城乡在水、电、路、网等方面的统筹共建，基本实现了全区城乡公共服务均等化。以农村综合改革激活美丽乡村发展后劲，加强以城带乡、城乡互动，全力打造以“市民菜篮子基地”“城市休闲后花园”和“农民生态和谐幸福家园”为发展定位的城乡融合型美丽乡村，走出了一条城乡融合发展建设美丽乡村的成功之路。

（4）宁县的历史文化传承模式。宁县莲池村将美丽乡村建设与历史文化传承紧密结合起来，深挖义渠国历史文化资源，以“传承历史文化、发展乡村旅游、促进经济发展”为主题，打造了美丽乡村建设的“历史文化传承模式”。

莲池村把乡村旅游与脱贫攻坚、生态环境建设、产业培育、基础设施建设有机结合起来，建成了“印象义渠·莲花池”景区，大力开发文化旅游产业，建设集特色苗林培育、绿色餐饮服务、生态休闲观光和农特产品开发销售为一体的综合乡村旅游景区，美丽乡村建设取得了实效。

（5）高台县的社区模式。高台县在美丽乡村建设中，强化农村新型社区建设。高台县按照“三集中”（边远村向中心村集中、周边村向集镇集中、城郊村向县城集中）原则，探索建设了西滩村、向阳村、暖泉村等一批整村整社推进型的农村新型社区。同时，加强农村社区的服务中心、文化健身广场、卫生室、农家书屋、农民培训中心、污水处理等公共服务设施的配套完善，实现了农村新型社区公共服务的集中供给，探索走出了一条“农村住宅集中化、产业发展专业化、公共服务便利化、村务管理民主化”的美丽乡村“社区模式”。

（6）秦安县的石节子村大地艺术模式。“石节子村大地艺术模式”就是在美丽乡村建设中，文化人牵头，发动社会力量，把文化理念和文化元素激活、凝聚和化合，创造出更加贴近大自然，符合人类心灵的环境和氛围，实现乡村文明的深层复兴和有效提升，使得乡村不但富起来，而且美起来、时尚生动起来。

天水市秦安县石节子村大地艺术模式包含了两个方面，一方面是对乡村传统习俗、伦理、技艺等的重新认识和创造性转化；二是以文化的方式为乡村生活重新注入活力，从而激发乡村发展、乡村现代化的内生动力。在传统文化保留完好的乡村，真切体会传统文化与城镇化建设之间的传承与矛盾，以艺术的形式参与乡村文化建设，关注“乡愁”，留住“乡情”。目前，石节子艺术村对外已形成了较好的声誉，已经成为大地艺术的一个著名文化品牌。

甘肃省在美丽乡村建设中，因地制宜地探索自身的发展道路，既努力将区位优势转变为发展优势，并保持乡村的田园景观、自然风貌和传统民俗特色，同时又努力构建完善的基础设施和公共服务体系，不断向“村美、民富、宜居、文明”的美丽乡村转变。

3. 美丽乡村建设成效明显

美丽乡村的建设目的不仅在于改善农村人居环境，留住绿水青山，更应让农民群众切切实实都感受到美丽乡村建设带来的好处。课题组对金川区、高台县、宁县等8个美丽乡村的调查表明，大多数被调查村民对美丽乡村规划的科学性、基础设施建设、生态环境的改善、两委班子工作成效、农村生活水平的改善等持积极认可的态度，对全省美丽乡村建设前景持积极乐观的态度，甘肃省美丽乡村建设取得了亲眼可见、亲身可感、稳定而可持续的发展态势。

（1）特色产业发展势头良好。特色产业发展是美丽乡村建设的基础和前提。只有利用产业带动，美丽乡村的建设才能有后劲、有前景、有未来。近年来，全省各地根据不同乡村所具有的自然条件、资源禀赋、发展优势、发展目标等，大力发展特色种植养殖业、农产品精深加工业、乡村特色旅游业等优势产业，每个村基本都培育了1~2个促农增收的主导产业，基本上实现了“一村一品”，有力地推动了农村地区的产业转型和农民增收致富，为美丽乡村建设奠定了扎实的产业基础和物质基础。

（2）村庄绿化、环境美化成效显著。近年来，甘肃省对村庄绿化、环境美化高度重视，立足长远确定发展的战略方向，通过编实编细村庄发展规划，先导性地谋划设计村庄绿化、环境美化蓝图，以村庄周围、道路两侧、房前屋后、河道沿线等为重点，采取新造、补植等措施，动员群众植树种草，着力打造山清水秀、宜居宜业的秀美村庄，农村人居环境得到极大改善。同时，甘肃省还把农村环境卫生综合整治作为一项常规性工作来抓，以整治脏、乱、差为突破口，以基础设施建设为重点，加大宣传教育力度，进一步完善农村垃圾处理设施和农村环境卫生治理长效机制，各地村镇配备日常保洁队伍、保洁人员，负责日常清扫保洁等工作，统一清理、统一运送，及时做好村道内垃圾收集工作，村庄周围环境卫生得到大幅改善。

（3）生产生活条件大为改观。美丽乡村建设项目的实施，极大地改善了农村的基础设施条件。各美丽乡村大力实施以行路、饮水、住房等为主的民生工程，群众生产生活条件得到极大改善。一是大力实施农村道路通畅工程，加快通村道路和村社巷道硬化。二是加强人饮工程改造提升和维护管理，全省适宜地区和美丽乡村示范村安全饮水实现全覆盖，水质符合国家饮用水卫生标准。三是大力实施贫困户危旧房改造和易地搬迁，完善覆盖全村的供电、照明、消防等基础设施，农村基础设施覆盖程度和服务功能不断增强。四是加强通信、网络等基础设施建设，为农村发展现代农业，促进电商发展等创造了良好的条件。

（4）社会事业全面加快发展。美丽乡村建设促进了社会事业的加快发展，各示范村全部实现了标准化小学、村级卫生室、文体广场、老年人日间照料中心等基础公共服务设施的全覆盖，居民就学、就医、养老条件得到明显改善，城乡居民公共服务均等化程度进一步提升，群众获得感和幸福感进一步增强。

（5）乡村文明程度不断提升。通过政策宣传、举办喜闻乐见的群众性文化活动以及外出返乡人员的带动等措施，农民群众整体文明意识得到提高，文明素养进一步提升，遵守规则、孝老爱亲、邻里互助、团结友善、维护公共环境等社会文明行为成为常态，总体社会文明程度不断提升。

但是也要看到，美丽乡村建设在某些地方实施的过程中，还存在一些问题，遭遇到一些困难和障碍。

第一，从经济发展与组织化程度方面看，产业发展和农民增收是建设美丽乡村的根本基础，但在调查中发现仍存在以下薄弱点：一是种养结构相对单一、农民增收渠道不宽、收入稳定性弱。具体表现在，虽然各村均确定了特色主导产业，但农民增收效果不够明显，产业尚需培育壮大；农民务工收入占比大增，但受年龄及经济形势波动影响，收入不确定性较大。二是村级集体经济薄弱，村级组织负债运行现象较普遍；农民专业合作社凝聚力和向心力需进一步提升。

第二，从村庄绿化美化与环境建设方面看，巩固农村环境整治成果面临诸多困难。一是农村公共环境卫生保洁难。农村面广，尤其是随着乡村旅游的加快发展，农村保洁压力增大。二是公共设施维护难。由于受到资金不足等各种因素制约，农村环卫设施得不到及时更新和修理的情况屡见不鲜。三是一些续接新农村建设项目成果发展起来的美丽乡村，在采暖、下水管网等方面与新建项目村存在差距，导致这些村庄环境建设存在一定难度。四是生活习惯改变难，个别村民长期以来形成的生活和卫生习惯尚难转变。

第三，从基础设施与公共服务能力建设方面看，由于村级集体经济发展薄弱，许多公益设施运行和管护难度大，公益设施后续长效管理机制有待落实。一是有些地区由于各自然村之间距离较远，文体设施只在村委会所在自然村配备，使居民使用不便。二是受村级财务能力限制，个别设施负债运行或处于闲置状态，如大多数村的日间照料中心闲置，少数村负债运行。三是一定程度上存在体育健身器材重设置、轻管护，器材有不同程度受损现象。

第四，在和谐村镇建设方面，农民群众的主体意识有待进一步提高。调查发现，个别群众对美丽乡村建设主体意识模糊，有的人认为，美丽乡村建设是政府行为，群众只是配合，他们的积极性和主动性没有得到很好的调动和发挥。特别是在农村村庄整治和建设方面，农户的思想认识水平有待提高，还存在着随意建设、整顿清理难度大等问题。

甘肃省在美丽乡村建设实践中，以实现“产业发展、享有富足之美，民生改善、感受生活之美，环境优化、彰显生态之美，记住乡愁、承载文化之美，社会和谐、创建文明之美”为目标，成效明显。“中国要美，农村必须美”“美丽中国要靠美丽乡村打基础”。新形势下，适应我国乡村振兴战略和党的两个一百年奋斗目标新要求，伴随“美丽中国”的不断推进，甘肃省美丽乡村建设也将面临更大的发展机遇。

未来，甘肃美丽乡村建设要继续坚持因地制宜、尊重地域的差异性，坚持以人为本、尊重农民的主体地位，坚持生态优先、尊重自然绿色发展，坚持循序渐进、尊重建设过程的时序性，坚持建章立制、注重长效机制构建。通过促进乡村经济、社会以及环境的健康发展，抓点成线，延伸扩面，在农村生态经济、农村生态环境、资源集约利用、农村生态文化、农村生态服务五方面均得到提升。逐步把甘肃省的乡村建设成生态之美、富足之美、生活之美、文化之美、文明之美，宜业、宜居、宜游“五美三宜”的社会主义新型村庄，让农民能够更稳定地生活在农村。力争到 2025 年，建成 1500 个以上的美丽乡村示范村庄，使公共服务更便利、村容村貌更洁美、田园风光更怡人、生活富裕更和谐。全省 80%以上的村庄达到环境整洁，实现脏乱差全面治理，畜禽养殖区和居民生活区科学分离，垃圾污水得到处理，村庄基本绿化。全省基本实现安全饮水、通行政村道路硬化、危房改造的全覆盖，让农民普遍住安全房、喝干净水、走平坦路。我们相信，在“乡村振兴”战略机遇下，甘肃省美丽乡村建设将会真正使农业成为有奔头的产业，农民成为有吸引力的职业，农村成为安居乐业的美丽家园。

第一章
乡村建设的实践探索与创新发展

中华人民共和国成立以来，中国共产党始终把解决好农业、农村、农民问题作为全党工作的重中之重，把它作为关系国计民生和强基固本的重大战略来抓。2013 年中央一号文件部署发展现代农业时提出，要加强农村生态建设、环境保护和综合整治，努力建设美丽乡村；同年，农业部启动了美丽乡村创建活动，这成为对社会主义新农村的新提升和新要求；2017 年党的十九大报告顺应新时代我国经济社会发展的新形势和新任务，做出了实施“产业兴旺、生态家居、乡风文明、治理有效、生活富裕”的“乡村振兴”战略的重大决策部署。“乡村振兴”战略作为美丽乡村的升级版，从全局总揽和推动农业、农村、农民加快实现现代化，成为新时代乡村发展的新方向和新旗帜。

一、我国乡村建设的历史回顾

1. 传统吏治与“乡绅”式乡村建设

中华文明具有一贯的哲学与人文社会传统。几千年的历史表明，传统乡村是农业社会保持稳定发展的基础，即使改朝换代，传统乡村社会也基本能保持或很快恢复稳定状态，表现出一种强烈的内生性特点。正如美国学者约翰·弗里德曼在其《中国的城市转型》一书中所总结的，传统乡村是中国城市与社会内生型发展机制的根源。乡村建设正是这种内生的社会与文化力量的体现。[①]

我国古代，官吏通常是联系统治阶层和普通百姓之间的纽带，他们是皇

① 王伟强，丁国胜．中国乡村建设实践的历史演进［J］．时代建筑，2015（3）．

权统治下律令和法制的实践者与代理人，虽然在本质上为皇权统治服务，但由于古代官吏大多来自儒家士人阶层，传统儒家文化中的民本思想、德政理念对他们有着深刻的影响，因此古代官吏中也不乏一些廉洁自律、勤政恤民的官吏，这在很大程度上维护了社会的公平正义，缓和了当时的社会矛盾，同时也促进了所治理乡村的经济社会文化发展。但“吏治”在乡村建设中最大的局限性在于，由于中央政权公共服务职能的缺失，“吏治”下的乡村建设的实现难免会受到公共资金、组织动员等客观因素的制约。同时，“吏治”归根结底是人治的产物，其产生更多的是依赖道德对个人的感化，而非制度对官员的塑造和栽培。当古代皇权体制出现崩溃、社会整体风气堕落和腐化，“吏治”对乡村建设不仅不具有建设作用，而且会沦落为盘剥欺凌广大农民群众的工具，发展成为乡村贫苦民众揭竿而起的导火索。

此外，我国历史上的乡村建设还依赖于传统的“乡绅制度”。科举制度虽然使读书人成为统治者的工具，但是也让他们担负起处理乡村公共事务的责任。由于没有公共财政积累，乡村公共服务的资金大多都是由地方商人、乡绅或上层精英来承担，比如，村庄的规划建设和管理、农田水利和公共设施的兴建等。同时，乡绅作为联系国家政权与基层百姓关系的纽带之一，还承担着维护乡村利益、实施公益活动、解决纠纷等方面的社会角色，这种乡村内生性的发展模式反过来也强化了乡绅的社会地位与政治地位。可以说，正是在这样一种社会制度与文化背景下，传统乡村建设呈现出相对稳定有序的发展状态，具有明显的“自组织”特征，形成了“乡绅”式的乡村建设模式。

2. 民国时期的乡村建设运动

我国近现代乡村建设是在内忧外患复杂动荡的局面下展开的。第一次鸦片战争后，西方列强和国内封建地主对中国农民、手工业者和民族企业家实行了严酷的双重压榨，军阀混战以及自然灾害频繁暴发导致中国农村劳动力大量流失，原本脆弱的农业生产遭到了极大破坏，农村经济处在崩溃的边缘，农民群众生活在水深火热之中。

20世纪二三十年代，不断激化的社会矛盾引发各地的农民革命运动。在这样的发展形势下，中国共产党领导广大农民在苏区开展土地革命的同时，国民党政府统治区的一些开明人士和知识分子也在着力实施各种乡村建设实验。有资料显示，当时全国有七百多个组织在全国开辟了一千多个乡村建设实验点。其中最著名的是以山东邹平县梁漱溟“乡村建设运动”为代表的中国乡村建设旧派和以河北定县晏阳初“定县实验”为代表的中国乡村建设新派。前者主张通过在农村办“乡学”“村学”的措施，对广大农村民众进行教育，使农民成为有觉悟、有组织的社会群体，在农村建立以传统文化（封建社会宗法文化）为本位的“伦理本位”“职业分立”社会。后者认为中国农民有“愚、穷、弱、私”四大基本问题，[①] 解决的办法是开展平民教育运动，主张运用现代知识对个体农民进行“卫生、文化、生计、公民”四大教育，教育的方式有“社会式”“学校式”和“家庭式”，由此加快塑造出现代新农民。[②]

可以看出，旧中国的乡村建设实践主要是开展农民教育运动，实际是“教育救国论”在农村中的实践。以梁漱溟和晏阳初为代表的乡村建设主张，主要目的是重建乡村组织，提高乡民素质和实现乡民合作，虽然没能解决中国乡村的根本问题和现实问题，但他们的主张是对中国“三农”问题的第一次学者型的深入思考与实践应用，这些无疑对此后中国的乡村建设，以及推进社会主义新农村建设和美丽乡村建设都具有重要的借鉴意义。

3. 新中国乡村建设的发展历程

中华人民共和国成立 70 年来，随着国家政治经济形势的变化，中国共产党领导广大农民围绕着土地所有制等问题渐次开展了系列改革探索，走过了一条坎坷的农业农村发展道路。以农村社会生产关系的变革为主线，新中国乡村建设的历程大致可以划分为土地改革、互助合作、人民公社、家庭联产承包责任制和社会主义新农村建设五个阶段。

（1）土地改革时期（1949～1953 年）。中华人民共和国成立后，我国农业社会主义改造的目标是引导农民走社会主义道路，建设农民土地私有制，发展农村经济。1950 年 6 月，中央人民政府颁布《中华人民共和国土地改革

① 宋恩荣．晏阳初全集·第 1 卷［M］．长沙：湖南教育出版社，1992：305.

② 邱家洪．中国乡村建设的历史变迁与新农村建设的前景展望［J］．农村经济，2016（12）.

法》，明确规定了土地改革的基本目的：废除地主阶级封建剥削的土地所有制，实行农民的土地所有制，解放农村生产力，发展农业生产，为新中国的工业化开辟道路。这成为新中国历史上第一个农业土地制度，即农民土地私有的家庭分散经营制度。中国共产党在国民经济恢复时期，着力于彻底废除封建土地所有制，解放农业生产力，领导广大农民进行大规模土地改革，大大调动了农民群众的生产积极性，农民从事农业生产的热情高涨，农业经济快速恢复和发展。但是由于仍然是农民占有小块分散土地从事个体生产，本质上看依旧是分散落后的小农经济。

（2）互助合作时期（1953~1958 年）。1953 年中国开始进入社会主义改造时期。1954 年在开展过渡时期总路线宣传教育的基础上，农村广泛开展了声势浩大的农业合作化运动，截至 1956 年 4 月，农业生产的初级合作化已基本实现，全国建立合作社超过 100 万个，入社农户约 1.07 亿户，占全国农户的 90%。1955 年中共七届六中全会通过《关于农业合作化问题的决议》，农业合作化运动转为以建设社会主义性质的高级农业生产合作社为中心。1956 年底，全国高级农业合作社 54 万个，入社农户超 1 亿，占全国农户的 87.8%。由此，农业的社会主义改造基本完成，农民个体经济改造为社会主义集体经济，中国建立起集体所有制农业。

（3）人民公社时期（1958~1978 年）。1958 年在国民经济大跃进思想指引下，全国农村大规模实施基本农田建设，期间一些农业合作社开展了大协作。当年 3 月，中共中央政治局通过了《关于把小型的农业合作社适当地合并为大社的意见》，提出在有条件的地方把小型的农业合作社有计划地适当合并为大型的合作社是必要的，之后全国掀起了小社并大社的浪潮。1958 年 8 月，中共中央政治局做出《中共中央关于在农村建立人民公社问题的决议》，此后各地形成了人民公社化运动的热潮。到 11 月初，全国已有 2.66 万个人民公社，入社农户占总农户数的 99.1%，人民公社化在全国全面实现。不过，由于人民公社片面强调生产关系的变革，脱离了当时较低生产力发展水平的实际情况，挫伤了农民生产的积极性，再加之农业生产连年遭受自然灾害，农业生产受到严重破坏，农产品供应十分紧张。[①]

（4）家庭联产承包责任制时期（1978~2005 年）。1978 年安徽省凤阳县小岗村率先实行以包干到组、包产到户为主要形式的农业生产经营责任制，由此拉开了我国农村经济体制改革的序幕。党的十一届三中全会后，家庭联产承包责任制在全国确立和推行，人民公社转变为统分结合的双层经营体制，有效调动了农民生产的积极性和创造性，农业生产规模明显扩大，农产品供应量显著增加，过去农产品短缺的状况逐渐得到缓解，农民生活水平逐步提高。20 世纪 80 年代，农村加快推进产业结构调整，乡镇企业蓬勃发展，农村工业化和农工商综合发展成为当时农村发展的亮点，在倡导以工补农的舆论环境下，乡镇企业的部分利润用来支持农业发展，但仍难以缓解较为明显的城乡差距。

（5）社会主义新农村建设时期（2006 年至今）。经过五十多年的发展，一方面，固有的城乡二元结构已严重制约着全面建成小康社会目标的实现；另一方面，中国已步入工业化发展的中后期，初步具有了工业反哺农业、城市反哺农村的基本条件。2000 年后，特别是党的十六大以来，党的“三农”工作理论不断深化，相关政策持续完善，务实举措陆续实施，城乡统筹发展战略得以确立，提出了两个趋向的重要论断，“多予少取放活”和“工业反哺农业、城市支持农村”的重要方针贯彻落实。2004 年起中央每年都围绕“三农”领域重大问题下发“一号文件”，从促进农业发展、加强基础设施建设、深化农村综合改革等多方面，出台一系列支农惠农强农政策。2005 年党的十六届五中全会正式提出要建设“生产发展、生活宽裕、乡风文明、村容整洁、管理民主”的社会主义新农村，当年中央农村工作会议又从统筹城乡发展、促进工农良性互动、改善农村人居环境、丰富群众文化生活、加强社会事业建设、完善村民自治等方面，对社会主义新农村建设做出进一步部署。从实施效果来看，我国社会主义新农村建设成就斐然，广大农村地区经济生产能力显著提高，产业结构不断优化，农村居民收入水平逐年增加，农村基础服务设施明显改善，初步实现了党的十六届五中全会提出的社会主义新农村建

① 焦必方．农村和农业经济学［M］．上海：立信会计出版社，2009.

设的基本预期。[①] 但同样也要看到，由于我国农村地域辽阔，农村人口众多，区域资源禀赋、经济社会发展状况差异明显，各地新农村建设水平因地而异，发展程度并不平衡。随着当前我国城镇化、工业化进程的加速推进，农村空心化问题、农村环境治理问题、乡村传统文化传承与保护等问题日益突出；同时，在党和国家"两个一百年"奋斗目标，"四个全面"战略布局和国民经济进入"新常态"背景下，如何实现广大乡村地区经济转型升级和实施城乡一体化综合治理，仍是社会主义新农村建设面临的主要任务。[②]

二、从"社会主义新农村"到美丽乡村

1. 美丽乡村建设的背景

"美丽乡村"最早是浙江省湖州市安吉县在社会主义新农村建设过程中提出来的。安吉县作为传统农业县，当时虽然在新农村建设中已取得了一些重要进展和成就，但他们认为仍然存在一些突出问题，亟须进一步因地制宜地拓展发展思路，攻克发展瓶颈，发挥潜在优势，找准发展定位，提升发展目标要求，勾画符合县情的发展愿景。在此情形下，安吉县适应新时期发展的新要求，针对诸如乡村环境不佳，生活垃圾和污水处理能力不足；民居散落杂乱，居民住房质量普遍较低；乡村基础设施落后，交通条件制约农民生产生活条件改善；宅基地普遍占地过大，旧村改造与空心村治理缺乏适宜的宅基地转换政策；废旧工矿企业和农户违章建筑占用土地多，部分农户宅基地周边废弃林地和未利用地荒地等未开发利用；村庄规划缺乏产业谋划，难以有效指导乡村经济发展，集体经济普遍薄弱，新农村建设的产业支撑非常不足等问题，大胆提出了建设美丽乡村的构想。2008 年，安吉县正式提出"中国美丽乡村"计划，出台《建设"中国美丽乡村"行动纲要》，提出 10 年左右把安吉县打造成中国最美丽的乡村。安吉县坚持"尊重自然美、侧重现代美、注重个性美、构建整体美"的主要原则，以"村村优美、家家创业、处

---

① 雷世平．新农村建设与农村职业教育创新研究［M］．长沙：湖南科学技术出版社，2008.

② 邱家洪．中国乡村建设的历史变迁与新农村建设的前景展望［J］．农业经济，2006（12）.

处和谐、人人幸福”为总体目标，通过实施“环境提升工程、产业提升工程、服务提升工程、素质提升工程”，使“中国美丽乡村”建设行动全面开展，并呈现出“一村一品、一村一韵、一村一景”的新面貌。

2009 年，中央农村工作办公室主任陈锡文在考察安吉后高度评价，“安吉进行的‘中国美丽乡村’建设是中国新农村建设的鲜活样本”。“十二五”期间，在安吉县“中国美丽乡村”建设成功经验的带动和影响下，浙江省出台了《浙江省美丽乡村建设行动计划》；2011 年广东省增城、花都、从化等市县开始着手建设美丽乡村，2012 年海南省也提出要以加快建设美丽乡村为抓手，加快全省新农村建设和农村危房改造步伐。美丽乡村建设逐步成为中国社会主义新农村建设的新时期代名词，全国各地掀起了美丽乡村建设的新热潮。

习近平总书记在 2013 年全国两会期间参加江苏代表团审议时的讲话提到，“中国要美，农村必须美”“我们要建设的美丽中国，既要做到城市美丽，又要做到农村美丽”；2013 年 7 月，习近平同志在鄂州市长港镇峒山村考察时指出，实现城乡一体化，建设美丽乡村，是要给乡亲们造福，不要把钱花在不必要的事情上，不能大拆大建，特别是古村落要保护好，即使将来城镇化达到 70%以上，还有四五亿人在农村，农村绝不能成为荒芜的农村、留守的农村、记忆中的故园。他还说，城镇化要发展，农业现代化和新农村建设也要发展，同步发展才能相得益彰，要推进城乡一体化发展。2015 年 1 月，习近平总书记在大理市湾桥镇古生村考察工作时再次强调，新农村建设一定要走符合农村实际的路子，遵循乡村自身发展规律，充分体现农村特点，注意乡土味道，保留乡村风貌，留得住青山绿水，记得住乡愁。2016 年 4 月，习近平同志在安徽省小岗村考察期间进一步强调，中国要强农业必须强，中国要美农村必须美，中国要富农民必须富。要坚持把解决好“三农”问题作为全党工作的重中之重，着力加大新形势下农村改革的力度，加强城乡统筹发展，全面落实强农惠农富农政策，促进农业基础稳固、农村和谐稳定、农民安居乐业。①

美丽乡村在国家政策层面的出现是与“美丽中国”概念相辅相成的。党

① 来源于《习近平等中央领导关于改善农村人居环境工作讲话和批示》。

的十八大报告提出："要努力建设美丽中国，实现中华民族永续发展。"第一次提出了全新的"美丽中国"概念，强调必须树立尊重自然、顺应自然、保护自然的生态文明理念，明确提出了包括生态文明建设在内的"五位一体"社会主义建设总布局。美丽乡村是"美丽中国"的重要组成部分。2013 年中央一号文件第一次提出建设美丽乡村的奋斗目标，要求统筹做好城乡协同发展，进一步加快农村地区基础设施建设，加大环境综合治理和生态保护力度，促进农业增效和农民增收，真正提高广大农村群众的幸福感和获得感。随后，国家农业部深入贯彻落实 2013 年中央一号文件精神，发布了《关于开展美丽乡村创建活动的意见》。2013 年 5 月，农业部正式下发《美丽乡村创建目标体系》，对美丽乡村建设的目标、任务、措施进行了工作细化，由此，美丽乡村建设行动在全国范围内全面实施。

2. 美丽乡村与新农村建设之间的关系

（1）美丽乡村与社会主义新农村建设的目标内容一致。美丽乡村建设与社会主义新农村建设所确定的政策目标和主要内容相一致，它们属于同一个问题不同侧重点的不同表述。社会主义新农村建设是站在全面建成小康社会的战略高度，从统筹城乡经济社会政治文化党建等多方面，对农村改革发展提出的政治任务和政策目标，即"生产发展、生活宽裕、乡风文明、村容整洁、管理民主"。美丽乡村建设作为美丽中国建设的应有之义和重要方面，是进一步从生态文明的高度对我国乡村建设和发展提出的目标指向，是今后农村改革发展全面贯彻落实"五位一体"总布局的必然要求，在内容上涵盖农村政治、经济、文化、社会和生态文明建设等各个方面。两者在政策目标和主要内容上完全一致。

（2）美丽乡村是社会主义新农村建设的升级版。2005 年我国提出建设社会主义新农村，2006 年 1 号文件对此做出了全面部署，建设的重点主要是基础设施和公共服务两个方面。2013 年 12 月的中央农村工作会议提出"中国要强农业必须强，中国要富农村必须富，中国要美农村必须美""强、富、美"成为未来我国"三农"工作的新目标。在这次会议上，美丽乡村建设是作为全面建设小康社会的重点乃至中国梦的定位提出来的，美丽乡村建设的重点是生态和文化建设，所以，这两个概念之间不是替代的关系，而是包容的关系；不是转变的关系，而是升级的关系。可以说，美丽乡村建设是在新形势下以新发展理念为指导的深刻的农村综合变革，它是顺应经济社会发展新趋势的升级版的社会主义新农村建设。它既秉承和发展了“生产发展、生活宽裕、乡风文明、村容整洁、管理民主”的目标要求，又是对客观规律、市场经济规律、社会发展规律的主动遵循，实践中更加注重生态环境保护和资源节约循环可持续利用，更加关注人与自然和谐相处，更加关注农业发展方式转变，更加关注农业多元功能发展，更加关注保护和传承农业文明。

（3）美丽乡村契合新时期社会主义新农村建设的现实需要。2013 年 12 月中央农业工作会议上提出“中国要强农业必须强，中国要富农村必须富，中国要美农村必须美”。美丽乡村建设高度契合中央总体发展要求，契合国家新型城镇化、城乡一体化发展战略，契合农民群众从“有没有”“够不够”到“好不好”“美不美”的新的美好生活梦想和殷切期盼，美丽乡村建设是新农村建设实现程度不断提高的表现。同时，美丽乡村建设也是对近十年来社会主义新农村建设中所出现各种问题的修正、补充和完善。例如，2015 年 5 月发布的《美丽乡村建设指南》，没有称为《美丽乡村建设标准》，充分体现了它的引导性，而非强制性。不是只有各地参照指南建设才叫美丽乡村，那样很容易导致美丽乡村建设失去多元化的美。在一定程度上可以说，这是对过去许多地区新农村建设千篇一律问题的重视和纠正。再如，美丽乡村建设强调尊重农民意愿和共建共享原则，也是对过去出现的政府包办等行为的一种规范和引导，让农民广泛参与美丽乡村建设、让建设成果与农民切身利益息息相关、让建设美丽乡村事半功倍。

3. 美丽乡村的丰富内涵

美丽乡村是小康社会在农村的形象化表达。美丽乡村建设是我们党治国理政的重大方略，是农村精神文明建设的龙头工程，是依托农村空间形态，遵循社会发展规律，坚持城乡一体化发展，农民群众广泛参与，社会各界关爱帮扶，注重自然层面和社会层面、形象美与内在美有机结合，不断加强农村经济、政治、文化、社会和生态建设，不断满足人们内心感受，又不断实现其预期建设目标的一个循序渐进的自然历史过程。美丽乡村内涵博大精深，既包含了人与自然、人与社会的和谐发展，又包含了经济、政治、文化、社会和生态文明建设“五位一体”。美丽乡村核心精神内涵体现在“五美”方面。

（1）彰显生态之美——要牢固树立绿色发展理念，把打造绿水青山作为首要任务、重中之重，给自然留下更多的修复空间，给农业留下更多的良田，打造宜居、宜业、宜游的生产生活环境，同时给子孙后代留下天蓝、地绿、水净的美丽家园。

（2）享有富足之美——要加快富民产业培育，建立农民增收长效机制，把美丽乡村建设与培育特色产业紧密结合起来，加快农业发展方式转变，促进现代农业与第二、第三产业融合发展，促进广大农民群众增收致富，不断提高农村物质生活水平。

（3）感受生活之美——要加快农村教育、科技、文化、卫生、体育、就业创业、社会保障、信息通信、民生救助等方面的公共服务供给，让农民群众不出村就能方便看病、方便上学、方便出行、方便联络，享受上和城里人基本均等的公共服务。

（4）承载文化之美——坚持保护优先的原则，注重保留和突出传统村落原有的特色资源、地貌和自然形态，体现地域特色和文化传承。要注重挖掘乡村文化内涵，积极创建和打造有亮点、有新意的美丽乡村特色文化，努力形成“一村一韵、一村一景”。

（5）创建文明之美——要有美的村，更要有美的人，通过“立新规、破旧俗、强管理、靠群众”，实现提高物质生活水平与建设精神文明“两手抓、两手都要硬”，建立“民风朴实、文明和谐，崇尚科学、反对迷信，明礼诚信、尊老爱幼，勤劳节俭、奉献社会”的乡风民俗。

4. 新发展理念下美丽乡村建设的重大意义

建设美丽乡村是党的十八大提出建设“美丽中国”的重要组成部分，是中国特色社会主义“五位一体”总体布局的重要内容，是全面建成小康社会、推进社会主义新农村建设的重要任务，关系到广大农民群众安居乐业、关系到农村社会和谐稳定和农村生态环境改善、关系到全面建成小康社会大局。

实施美丽乡村建设意义重大且影响深远。

第一，建设美丽乡村是践行“五大发展理念”、深入推进社会主义新农村建设的必然要求。美丽乡村是贯彻实施“创新、协调、绿色、开放、共享”五大发展理念的综合载体。建设美丽乡村，就是要坚持以“五大发展理念”为引领，将创新发展作为建设美丽乡村的第一动力，将协调发展作为建设美丽乡村的内在要求，将绿色发展作为建设美丽乡村的根本途径，将开放发展作为建设美丽乡村的必由之路，将共享发展作为建设美丽乡村的根本目的，认真落实习近平总书记“中国要强农业必须强，中国要美农村必须美，中国要富农民必须富”的重要指示精神，“建设农民看得见山、望得见水、记得住乡愁的幸福美好家园”，在广大农村精心打造“美丽中国”的“乡村升级版”。同时，通过有序推进美丽乡村示范工程建设，不断加大农村人居环境改善力度，全面推进新农村建设的整体水平。

第二，建设美丽乡村是落实党的十八大精神、深入推进我国生态文明建设的客观需要。党的十八大确定了建设生态文明的战略任务，明确提出要“把生态文明建设放在突出位置，融入经济建设、政治建设、文化建设、社会建设各方面和全过程，努力建设‘美丽中国’，实现中华民族永续发展”“环境就是民生，青山就是美丽，蓝天就是幸福”，农业农村生态文明建设是生态文明建设的重要内容，开展美丽乡村建设，重点推进农业资源节约保护、绿色农业可持续发展、推广应用节能减排技术、改善农村人居环境，是落实生态文明建设的重要举措，是在最薄弱的农村扎实推进“美丽中国”建设的务实举措。

第三，建设美丽乡村是推动城乡一体融合发展、加快建成全面小康社会的有效途径。全面同步小康是当前我党领导各族人民群众所面临的最大政治任务，推动城乡一体化融合发展则是全面建设小康社会的战略基础。“小康不小康，关键看老乡”，没有农村小康就没有全面小康，推进美丽乡村建设是实现群众脱贫致富的关键。美丽乡村建设作为一项系统性民生工程，其实施有效对接全面小康社会指标体系，有效对接国家精准扶贫、精准脱贫项目举措，努力推动城市基础设施、公共服务和现代文明向农村延伸、辐射和覆盖，推进公共资源向农村流动和倾斜，促进农村人口集聚和产业集约，突出补齐短板，加快缩小城乡差距，不断提高农业生产率和农民群众生活质量水平，有利于进一步加快广大农民群众脱贫致富奔小康的步伐。

第四，建设美丽乡村是顺应农民群众期盼，加快实现民族复兴中国梦的重要抓手。“天蓝、地绿、水净、安居、乐业、增收”是中华民族伟大复兴“中国梦”体系中不可或缺的重要组成部分。美丽乡村建设在强化人居环境治理和强民富民产业培育的同时，注重突出乡村特色、地方特色和民族特色，注重优秀传统文化的传承和保护，注重乡村治理和人民群众文明素质的提升，强调“立新规、破旧俗、强管理、靠群众”，坚持物质文明、精神文明两手齐抓，培育符合社会主义核心价值观要求的乡村社会风尚。这有利于加深人们对乡村发展前景和乡村自然人文生态价值的认识，有利于增强人民群众的文化向心力和民族归属感，有利于进一步提振群众信心，激发内生动力，凝聚中国力量，为早日实现中华民族伟大复兴的中国梦而奋斗。

三、新时代下的乡村振兴战略

习近平总书记在党的十九大报告中，就农业农村农民问题提出了很多新概念、新表述，并首次提出实施乡村振兴战略。

1. 乡村振兴战略的提出背景

2017 年 10 月 18 日，习近平总书记在党的十九大报告中提出实施乡村振兴战略，指出“农业农村农民问题是关系国计民生的根本性问题，必须始终把解决好‘三农’问题作为全党工作的重中之重。要坚持农业农村优先发展，按照‘产业兴旺、生态宜居、乡风文明、治理有效、生活富裕的总要求’，建立健全城乡融合发展体制机制和政策体系，加快推进农业农村现代化。巩固和完善农村基本经营制度，深化农村土地制度改革，完善承包地‘三权’分置制度。保持土地承包关系稳定并长久不变，第二轮土地承包到期后再延长三十年。深化农村集体产权制度改革，保障农民财产权益，壮大集体经济。确保国家粮食安全，把中国人的饭碗牢牢端在自己手中。构建现代农业产业体系、生产体系、经营体系，完善农业支持保护制度，发展多种形式适度规模经营，培育新型农业经营主体，健全农业社会化服务体系，实现小农户和现代农业发展有机衔接。促进农村一、二、三产业融合发展，支持和鼓励农民就业创业，拓宽增收渠道。加强农村基层基础工作，健全自治、法治、德治相结合的乡村治理体系。培养造就一支懂农业、爱农村、爱农民的‘三农’工作队伍”。[①]

事实上，经过改革开放40年的发展，农村自身的发展变化和城乡关系的发展变化，已经到了需要对“农业、农村、农民”政策思路进行大梳理和大调整的阶段。我们看到，以前所讲的“三农”，更多的是强调解决农业问题，推进中国农业的现代化。在这个过程中，中央也逐步提出要统筹城乡发展，建设社会主义新农村。从“三农”政策演变看，党的十六大、十七大两次大会报告延续的“城乡统筹”概念，在十八大报告变为“城乡发展一体化”后，十九大报告变成了“城乡融合”与“乡村振兴”战略。党的十九大报告提出，我国要实施乡村振兴战略，并且把这一重要战略庄严地写入党章，为我国“三农”发展指明了方向。

2. 乡村振兴战略的重要地位

党的十九大报告提出要实施“乡村振兴战略”，这是中央首次以国家战略的高度谋划“三农”问题，将成为今后推动农村全面健康发展的重大战略部署。实施乡村振兴战略，是党中央基于“三农”发展短板和着眼实现“两个一百年”奋斗目标而做出的重要战略选择，是立足中国基本国情的战略决策，更是针对社会主要矛盾变化这一新认识做出的战略部署。

当前我国社会的主要矛盾已经发生变化，人民追求幸福美好新生活的需要格外迫切。在加快推进工业化和城镇化的过程中，有些农村产业空心化和老龄化所造成的经济社会问题越来越突显，乡村面临日渐衰败的景象。现在人民所期望的幸福美好新生活的内涵日渐丰富，以前农村向城市供应足够的农产品，满足城市人对粮食、肉禽蛋奶、蔬菜水果的基本需要，但现在城市

---

① 习近平：决胜全面建成小康社会 夺取新时代中国特色社会主义伟大胜利——在中国共产党第十九次全国代表大会上的报告［EB/OL］.［2017-10-27］.http：//www. gov.cn/zhuanti/2017-10/27/content_5234876.htm.

还希望农村能给他们提供安全健康的物质产品及生态休闲产品，要为整个社会提供一个优良的生态环境，甚至为城市居民提供一个休闲养生、农事体验和娱乐放松的好场所。所以，这次提出的乡村振兴战略，正是对上述种种现实问题的及时回应。现阶段提出用乡村振兴战略来统领“三农”工作，而不是再用以前单纯的农业现代化概念，这在内涵上更加丰富和发展，并有了一个新的提高。乡村振兴战略是对现在“三农”问题新变化和新需求的直接反映，将使不平衡不充分的发展逐步得到改善，是从国家层面对“三农”发展战略做出的相应调整。

3. 乡村振兴战略的丰富内涵

在乡村振兴战略的总要求下，报告提出了许多具体的新内容和新要求，这使得乡村振兴的内涵比以往针对“三农”问题的政策举措更加丰富和发展，是农业农村农民发展各领域的全面振兴。

第一，报告提出了“产业兴旺、生态宜居、乡风文明、治理有效、生活富裕的总要求”。相对于党的十六届五中全会曾经对建设社会主义新农村提出的“生产发展、生活宽裕、乡风文明、村容整洁、管理民主”① 的总要求，乡村振兴战略的内容明显立意更明，要求更高，内涵也更加深刻。除了沿用“乡风文明”外，其余四句都提出了更高的要求。具体来说，以前强调“生产发展”，现在要求“产业兴旺”，由“发展”到“兴旺”，目标要求更高了，它是要求以产业实现兴旺发展为核心，强化优质生产要素向农业农村充分流动，激发农民发展产业的积极性和创造性，培育和构建现代农业产业体系，更好实现农村第一、第二、第三产业的深度融合发展，增强乡村振兴的产业支撑力；以前对农村面貌，要求做到“村容整洁”，就是农民的房前屋后要整齐干净，现在要求实现“生态宜居”，就是要在外表干净整洁的基础上，加强内在的农村资源环境的保护，统筹山水林田湖草生态体系，保护好我们宝贵的绿水青山，实现绿色生态可持续发展，促进人与自然和谐共生，形成绿色

---

① 第十六届中央委员会第五次全体会议公报 [EB/OL]. [2005-10-11]. http://politics. people. com. cn/GB/1026/3759243. html.

生态宜居的良好环境。[①] 同时，依托于良好的生态宜居环境，发展好乡村旅游、休闲农业、观光农业、体验农业等，让城市人有好的回归自然的休闲去处，让乡村能依托绿水青山收获金山银山。从这些角度来讲，生态宜居的要求大大提高了。“乡风文明”就是要使社会主义核心价值观深入人心，加强农村精神文明建设，弘扬优秀传统文化，促进农村科技文化教育等社会事业发展，使农民的科学文化知识和思想道德素质进一步提升，农村社会文明程度进一步提高。以前乡村要求“管理民主”，现在要求“治理有效”，就是要在加强基层民主法治建设的基础上，根据农村社会结构新变化，不断完善自治、法治、德治相结合的乡村治理体系，实现治理体系和治理能力现代化。以前要求做到“生活宽裕”，如今面向全面建成小康社会和基本实现现代化的目标，进一步提出要达到“生活富裕”，就是要实现农民持续稳定增收，经济生活更加富足。当前，农村面貌发生翻天覆地的变化，农村水电路气房网等基础设施明显改善，而且农民收入明显提升，特别是随着美丽乡村建设推进，“生活富裕”已成为更高层次的发展目标，是在过去十多年乡村建设实践基础上提出面向未来的更高要求。

第二，报告提出“要坚持农业农村优先发展”。实施乡村振兴战略，必须坚持农业农村优先发展，就是要求我们始终把解决好“三农”问题作为全党工作的重中之重。首先，农业农村必须优先发展。农业安全（特别是粮食安全）直接关系到国家安全，但农业又是一个弱质产业，在完全市场机制的作用下，生产要素必然会向要素报酬更高的产业流动，如果不保证农业优先发展，则必将使农业衰微，进而危及国家的稳定和安全。综观国外乡村建设经验，美国、德国、日本等现代农业发展较早的国家，无一不是将农业作为一国发展的重中之重对待，给予财政补贴、农业保险、职业农民培育、农业科技推广和法制保障等领域的全方位支持，由此确保国家有稳定发展的根基。同时，农村发展得好不好直接关系到6亿农民的福祉，直接关系到我国发展是否有稳固的根基和坚实的基础。其次，农业农村优先发展，很重要的一个方面是公共服务的均等化，就是在公共资源配置上，政府要优先向农业农村

① 邵海鹏．乡村振兴战略全面激活农村发展新活力［N］．第一财经日报，2017-10-27.

倾斜，在资源条件保障上要优先给农业农村提供，在公共服务上优先为农业农村安排，使农业发展的基础条件加快改善，农村公共服务加快提升，基础设施和信息流通等领域的短板加快补齐，为乡村振兴奠定坚实的经济社会基础。再次，目前我国综合国力显著增强，具备了实施乡村振兴战略的物质基础和科技条件。新时代全面建成小康社会，必须调整理顺工农与城乡关系，建立健全城乡融合发展的体制机制和政策体系，坚持工业反哺农业，城市反哺农村，多予少取放活，推动薄弱的农业农村优先发展，[①] 努力使农业成为有奔头的产业，使农村成为安居乐业的家园，使农民成为有吸引力的职业。

第三，报告提出“建立健全城乡融合发展体制机制和政策体系”。在决胜全面建成小康社会的背景下，乡村振兴必须遵循城乡发展的客观规律，坚持城乡一体化发展，建立健全城乡融合发展的体制机制和政策体系，重点打破加剧二元经济结构固化的各种城乡体制壁垒、制度隔阂和政策束缚，促使生产要素在城乡间双向自由充分流动，全力激发农业农村发展的内在动力，加快推进农业农村现代化发展。

第四，报告提出“要加快推进农业农村现代化”。农业现代化是乡村振兴的关键和重点，核心是产业振兴，由此创造出更多的社会财富、创造出更多的就业机会，从而为农民增收和农村富裕奠定产业基石，为实现农村现代化提供更充分的条件。推进乡村振兴必须把大力发展农业生产力放在首位，加快推进农业供给侧结构性改革，进一步深化农村综合改革，着力培育新型农业经营主体，发展多种形式的适度规模经营，加快培育适应农业现代化发展的新型职业农民，推动小农户和现代农业的有机衔接，全面加快推进农业现代化进程，为农村现代化提供更加坚实的产业支撑；同时，要努力构建现代农业产业体系、生产体系、经营体系，健全农业社会化服务体系，进一步延伸农业产业链和产品链，不断增加产品附加值，加快农业与第二、第三产业，特别是农产品精深加工业与电子商务、现代物流及文化旅游业等的深度融合，以产业振兴有力支撑乡村振兴。

第五，报告指出“保持土地承包关系稳定并长久不变，第二轮土地承包

① 刘芦梅．乡村振兴战略的时代背景及其基本内涵［J］．新疆社科论坛，2018（4）：63-68.

到期后再延长三十年”。党的十九大报告强调保持土地承包关系稳定并长久不变，明确第二轮土地承包到期后再延长30年，表明了中央保护农民土地权益的坚定决心，既稳定了农民预期，有利于农业的稳定发展，有利于形成城乡社会稳定的局面，又为进一步完善农村土地政策留下了重要的时间窗口。①

第六，报告指出“巩固和完善农村基本经营制度，深化农村土地制度改革，完善承包地‘三权’分置制度”。实施乡村振兴战略，特别需要进一步理顺生产关系，继续完善相关体制机制和政策体系，不断深化农村综合改革，深化农村土地制度改革，巩固和完善农村基本经营制度，努力破解发展难题，解放和发展社会生产力。新形势下深化农村改革仍然要沿着处理好农民与土地关系这条主线，有效推进“三权”分置改革，实现土地承包“变”与“不变”的辩证统一，稳定农业经营主体预期，确保农民利益的实现，满足土地流转需要，助推发展多种形式的适度规模经营，促进农业现代化发展。②

第七，报告提出“培养造就一支懂农业、爱农村、爱农民的‘三农’工作队伍”。实现乡村振兴必然需要大量先进适用绿色生态的农业科技得以推广应用，而这离不开躬耕于农业科技前沿的研发转化和培训应用人才，在坚持绿色生态可持续发展的前提下，我们要进一步完善农业科技研发和推广应用的支持政策体系，切实加大政策支持力度，完善国家农业科技创新体系、现代农业产业技术体系和农业农村科技推广服务体系等，有效整合科研院所、孵化器、创新平台等科技创新资源及其人才优势，依靠科技创新引领作用，激发农业农村发展新活力；要增强三农工作人才队伍建设，支持和鼓励相关领域人才以问题为导向，在“三农”重点领域、关键环节、薄弱方面集聚智慧和汗水，攻坚克难加快发展；要加强对农村基层干部、新型职业农民和新型农业经营主体等的培训，培养出一批扎根“三农”领域，懂农业、爱农村、爱农民的人才队伍，为乡村振兴提供丰富、优质和与结构匹配的人才保障。③

4. 乡村振兴战略实施的重点

乡村振兴战略涉及农业农村农民问题的方方面面，既应从全局和长远的

①② 韩长赋．大力实施乡村振兴战略［N］．人民日报，2017-12-11.

③ 魏后凯．坚定不移地实施乡村振兴战略［N］．经济日报，2017-11-03.

角度统筹谋划，又应准确把握重点加快推进，为此：

一要着力全面深化农村体制机制改革。体制机制是解决农业农村农民问题的导向和行为规范，是农业经济主体行为选择、激活农村发展动力活力的制度引导，是实现乡村振兴的根本保障。我们要保持土地承包关系稳定并长久不变，巩固和完善农村基本经营制度，深化农村土地制度改革，完善承包地“三权”分置制度，为各类农业经营主体提供稳定的发展预期；要推动农村土地流转，发展多种形式的适度规模经营，促进农业的规模化和产业化发展；深化供销合作社综合改革，健全农业社会化服务体系，培育农村新型流通主体，创新流通模式和业态，健全完善市场流通体系；要深化农村集体产权制度改革，扩大农村集体资产量化确权改革试点，盘活集体资产，积极发展壮大新型农村集体经济，探索农村集体经济的有效实现形式，切实保障农民的财产权益；推进农业项目财政补助资金股权化改革，探索建立农业补贴评估机制，加强农村产权抵押和融资服务体系建设，扩大农产品价格指数保险和种养殖收益保险改革，开展贫困区县统筹整合使用财政涉农资金试点；实施农田水利设施产权制度改革和创新运行维护机制，探索水利设施建设多元化投融资机制；深化集体林权制度和国有林场改革。①

二要着力以产业融合促进产业振兴。乡村振兴归根结底取决于产业的振兴。要依据乡村的产业基础、资源禀赋、区位特点和特色优势等，结合市场需求变化确定应当发展的主导产业，形成能够充分发挥自身优势，并符合市场需要的产业结构和产品结构，重点在优势产业和特色产品培育上取得突破。要促进农业与第二、第三产业融合发展，突出农产品精深加工业和新兴文化旅游、电子商务、现代物流、现代商贸流通业等衍生服务业的融合发展，充分挖掘、延伸和拓展农业的多元化功能，延伸产业链、提升价值链、优化供求链、完善利益链，培育壮大农村新产业、新业态，拓展农业增值空间，全力促进乡村产业振兴。要加快农业供给侧结构性改革，以改革创新为发展动力，构建现代农业产业体系、生产体系和经营体系，增强供给结构的适应性和灵活性，加快推进农业转型升级，全面推进农业现代化。要以产地环境、

① 高兴明．实施乡村振兴战略要突出十个重点［N］．农民日报，2017-12-09.

农业投入、生产技术、质量要求、包装储运等为重点，健全农业生产的标准体系，适应人们更加关注食品安全和生命健康的要求，大幅度提高优质绿色农产品比重，实现农业可持续发展与人民健康安全的双赢。①

三要着力强化科技和人才引领。科学技术是第一生产力，人才是发展的第一资源，因此，乡村振兴必须要充分发挥科技与人才的引领带动作用。要全面整合甘肃农业大学、中国农业科学院、兰州兽医研究所、各级农技推广服务站等各方面的科技创新资源，依靠科技创新和人才支撑激发农业发展新活力，同时，在农业技术装备、农村生态保护、环境污染治理、农业生产信息化、农民生活便利化等领域扩大现代科技成果的广泛应用，促进互联网技术、物联网技术等现代技术与农业农村生产生活的密切融合，让农民充分享受现代科技成果，为农业现代化发展提供智力支持。② 要加强高标准农田、农业综合开发、土地整理等方面的建设，推动耕地宜机化整治。全力推进农业机械化，大力增加高效能、低成本、绿色化、智能化机械的有效供给，培养农业机械操作能手、维修能手和经营能手，努力培养农机合作组织和农机大户带头人，提升技术集成配套、推广应用和社会化服务水平。要打造乡村人才队伍，加强职业农民和新型农业经营主体的职业培训，激励更多优秀人才在“三农”领域创业发展，真正造就一支懂农业、爱农村、爱农民的“三农”工作队伍。③

四要着力改善生产生活条件。要以解决农村饮水安全问题、提高农业灌溉能力、治理农村水污染等为重点，实施好农村饮水巩固提升工程、小型水利灌溉工程和水生态治理工程等；要实施村民小组通畅工程和村社便道平整硬化工程，建立健全道路管理养护机制，实现组组通硬化路，确保农村公路安全通畅；要以农村电网改造升级和推动农村用电公共服务均等化为重点，完善配电自动化装置，尤其是要完成深度贫困乡镇及中心村的农网改造；要加快推进光纤网络由行政村向自然村延伸覆盖，以强化农村信息基础设施建设和提升农村网络服务质量为重点，推进覆盖城乡的互联互通、宽带交互、

① 高兴明．实施乡村振兴战略要突出十个重点［J］．农村工作通讯，2018（13）：44-46.

② 刘合光．乡村振兴战略的路径与格局［N］．中国科学报，2018-03-21.

③ 刘合光．实施乡村振兴战略的四个着力点［N］．农民日报，2017-12-09.

智能协调、广播电视融合的传输网体系；实施“互联网+现代农业”行动计划，推进信息技术与农民生产生活、农村公共服务、农村社会管理等的深度融合；要坚持绿色发展，深入实施化肥农药零增长行动，积极推广测土配方施肥，开展有机肥替代化肥试点，加速生物农药、绿色饲料推广应用，积极开展畜禽粪便还田、秸秆综合利用、农膜回收处理等试点，加强畜禽养殖污染综合防治，建设一批农牧结合、种养平衡、生态循环的现代农业示范园区；要改善农村人居环境，加快实施农村环境连片整治和农村清洁工程，建立“户分类、村收集、镇运输、县处理”的垃圾处理机制，推进卫生厕所改造，改造整治农村危旧房屋，全面优化村容村貌。①

五要着力促进政治民主、社会和谐和乡风文明。要加强基层组织建设，重点是选好村支书，充分发挥村党支部的战斗堡垒作用，切实加强基层民主政治建设，在农村实施好民主选举、民主决策、民主管理、民主监督。② 强化村务公开，为农村基层民主政权建设提供良好的政治环境与机制保障，制定落实务实管用的村规民约，健全完善一事一议制度。要坚持以法治为保障，持续开展普法教育，构建决策科学、执行坚决、监督有力的村级治理工作机制，健全依法维权和化解矛盾纠纷的调处机制。以社会主义核心价值观为统领，全面加强农村精神文明和思想道德建设，不断夯实乡村治理的思想基础，弘扬中国优秀传统文化。发展好农村公平而有质量的教育，配套建好管好用好农家书屋、农村文化广场，培养农村文化人才队伍，丰富群众性健康文明文体活动；实行城乡一体的医疗卫生服务，把医疗卫生工作重心下移、资源下沉，确保农村医疗卫生更好惠及广大农民。

①② 高兴明．实施乡村振兴战略要突出十个重点［N］．农民日报，2017-12-09.

第二章
国内外乡村建设的经验借鉴

甘肃是传统的以发展农业为主的西部内陆省份，其农村经济社会状况直接影响到城乡一体化发展的进程，农村经济又快又好地发展也是全面建成小康社会和实现基本现代化的关键。从历史上看，乡村建设是世界上很多国家和地区经济社会建设的重要组成部分。因此，国内外典型发达地区都根据各自所处的不同发展阶段着力开展了乡村建设，以此推动并加快了工业反哺农业、城市反哺农村的经济发展进程，最终实现了城市化过程中的城乡均衡发展。近年来，美丽乡村建设在全国各省市持续推进，涌现出如安吉模式、永嘉模式、高淳模式、江宁模式等乡村建设的成功典范。分析国内外这些典型地区的乡村发展路径、动力机制及其阶段特征，可以为甘肃美丽乡村建设提供借鉴，推动美丽乡村建设沿着这一历史轨迹在全省范围内有序、稳步、巩固发展。

一、美丽乡村建设的模式构建

20 世纪 50 年代以来，中央政府一直非常重视并不断加强对乡村的经济建设、政治建设和社会建设，连续提出、规划和部署了一个又一个乡村建设的战略。“新农村”自 1984 年首次在中央一号文件中被提出之后，相继五次又出现在其他中央文件中，到 2005 年被赋予了具体的含义和内容，即新农村“生产发展、生活富裕、乡风文明、村容整洁、管理民主”的 20 字方针，并根据这 20 字方针对新农村建设进行了安排、部署和实施。经过近 10 年的发展，新农村建设在全国范围内取得了一定成效，为了加快推进新农村建设，2013 年中央一号文件提出在农村建设美丽乡村的奋斗目标，这是继新农村建设之后推动农村农业进一步发展的具有延续性、全局性的重大举措，首次提出建设和保护乡村生态、加强环境保护和乡村综合治理。这一战略规划的启幕和实施是进一步加快解决“三农”问题的可行通道和重要路径。

1. 国家《美丽乡村建设指南》

2015 年 4 月，国家质量监督检验检疫总局、国家标准化管理委员会联合印发《美丽乡村建设指南》，同年 6 月 1 日开始实施。国家《美丽乡村建设指南》是全国建设美丽乡村一般性的推荐性标准，给各个地方建设美丽乡村提供方向性指导、框架性规范，为提升美丽乡村建设质量和水平提供了有效的参考。

（1）国家《美丽乡村建设指南》出台的背景与意义。在我国，美丽乡村建设最早源于浙江湖州安吉县。当时，依据党的十六届五中全会提出的建设社会主义新农村以及党的十七大明确提出的“要统筹城乡发展，推进社会主义新农村建设”的要求，浙江湖州安吉县于 2008 年出台《中国美丽乡村计划》《建设“中国美丽乡村”行动纲要》，计划用 10 年时间把当地农村建设成中国最美丽村庄。“十二五”初期，安吉县美丽村庄建设取得成功后，浙江省、广东省等地方深受启发，相继制订美丽乡村建设计划，展开美丽乡村建设工作。如《浙江省美丽乡村建设行动计划（2011~2015 年）》（浙江省）；推进“美丽乡村”工程建设加快农村危房改造（海南省）；启动美丽乡村建设工作（广州市增城区、花都区、从化区）。2013 年，美丽乡村创建活动在农业部的部署与推动下在全国启动，各个地方通过不同的方式、采取不同的措施开展美丽乡村建设工作，以目标引导做规划蓝图，通过政策扶持以利好吸引，加快项目建设带动资金投入，加大科技支撑做后续保障，以典型示范开拓思路办法，以宣传推介促规范建设，建设美丽家园符合农村居民的实际需求，很快在全国形成了建设美丽村庄的热潮。但是，由于各个地方对乡村发展的认识和理念存在偏差、乡村建设的立足点和出发点不同，加上缺乏对建设环节及具体建设内容的界定和引导，乡村建设特别是村容村貌整治方面出现了以“大拆大建”为主导的一系列非生态方式整治环境的问题，忽视农村特色、庭院经济和特色景观旅游资源，一味撤并村庄建集中居住区。这种让农民集中上楼的做法违背了乡村建设的规律，也割裂了农业文化。在这样的背景下，国家《美丽乡村建设指南》应运而生，通过规定具有普遍指导意义的规范和框架，来进一步巩固美丽乡村建设的效果，完善建设规划，提高建设水平。

（2）国家《美丽乡村建设指南》的内容。国家《美丽乡村建设指南》是一套美丽乡村建设量化指标标准（见表 2-1），主要借鉴农业部等部委、浙江省等发达地区建设美丽乡村的成功经验与做法，在内容设计和具体指标设定时以“兼顾全国、确保基本、适度超前、引领发展”为原则，以东部沿海地区成熟的做法为蓝本，考虑到区域差异，特别是中西部地区的状况，对美丽乡村建设的内容仅就建设的目标、方向、思路和原则进行了一般描述性规定，一般乡村可以通过建设来达到或实现。21 项量化指标（村庄建设 1 项、生态环境保护 12 项、公共服务 8 项）参考了农业部《美丽乡村创建目标体系》，重点对技术内容进行规范，包括村庄规划建设、生态环境保护、村容村貌整治、经济发展推动、公共服务提升、乡风文明建设、基层社会治理等方面。这一套量化指标在充分吸收各部委、各地区成熟经验的基础上，在国家层面

表 2-1　国家《美丽乡村建设指南》中的量化指标

序号	指标项		量化标准值
1	路面硬化率		100%
2	村域内工业污染源达标排放率		100%
3	农膜回收率		80%以上
4	农作物秸秆综合利用率		70%以上
5	病死畜禽无害化处理率		100%
6	畜禽粪便综合利用率		80%以上
7	使用清洁能源的农户数比例		70%以上
8	林草覆盖率	平原林草覆盖率	20%以上
		山区林草覆盖率	80%以上
		丘陵林草覆盖率	50%以上
9	生活垃圾无害化处理率		80%以上
10	生活污水处理农户覆盖率		70%以上
11	卫生公厕拥有率		不低于 1 座/600 户
12	户用卫生厕所普及率		80%以上
13	村卫生室建筑面积		大于 60 平方米
14	学前一年毛入园率		85%以上
15	九年义务教育目标人群覆盖率		100%
16	九年义务教育巩固率		93%以上
17	农村五保供养目标人群覆盖率		100%
18	农村五保集中供养能力		50%以上
19	基本养老服务补贴目标人群覆盖率		50%以上
20	村民享有城乡居民基本医疗保险参保率		90%以上
21	管护人员比例		不低于常住人口 2%

上进行了总结、提炼、升华，对相关内容提出规范性要求，使各种资源配置和服务建设有章可循。“美丽乡村”不再是一个模糊的概念，也解决了“美丽乡村是什么、怎么建”的问题。

2. 国内主要省份标准

美丽乡村是一项创新性很强的工作。创建美丽乡村活动之始，各地以农业部制定的《美丽乡村创建目标体系》为指导，浙江省、福建省等省份相继出台了地方标准。在美丽乡村建设国家指南发布前，各地各部门没有统一的标准和规范遵循，亦不能就其他模式照搬，一些地方在实践中探索符合自身实际的建设模式。2010 年，国家标准化管理委员会首次将安吉美丽乡村标准化建设列为第七批农业标准化试点项目，进行了将标准化应用从农业、工业逐渐转向美丽乡村、社会治理等领域的创新，取得显著成效。2013 年 11 月，国家标准化管理委员会与财政部将浙江、安徽、广西、福建、海南、重庆和贵州等 13 个省市列为美丽乡村标准化试点，明确指出通过试点要建立起层次分明、结构合理并与当地经济社会发展水平相适应的标准体系。浙江省先行一步，在总结安吉经验的基础上结合实际，2014 年 4 月，发布了全国首个美丽乡村建设地方标准《美丽乡村建设规范》。同年 10 月，福建省发布《福建省美丽乡村建设指南》。

（1）2013 年《福建省美丽乡村建设指南》。2013 年，福建省进入全国首批重点推进省份美丽乡村建设试点。[①] 为了进一步规范并加快全省美丽乡村建设的进程，2014 年 10 月 16 日正式公布了《福建省美丽乡村建设指南》地方标准，该标准以“生态美、百姓富”为蓝图勾画出村庄规划、村庄建设、产业发展、生态环境、公共服务等 9 个方面的 33 项具体量化指标。一方面，该指南吸收台湾“富丽新农村”建设做法，目标是实现美丽村庄“保得住传统、留得住特色、记得住乡愁”的人文理想。另一方面，强调村庄建设与城市建设的不同，美丽村庄建设要在保留现有原貌的基础上进行前期规划、中期建设实施和后期运行维护，包括村民作为主体参与村庄建

① 浙江、贵州、安徽、福建、广西、重庆、海南是全国 7 个首批推进省份美丽乡村建设试点。

设规划的制定，坚持“三不”（不大拆大建、不套用城市标准、不拘泥于统一模式）要求，以保存村庄风貌与农村文化为主旨，对主要建筑风格予以分类，充分展现地域特色，有效地解决了美丽村庄如何建、如何管和如何长效维持的问题。

（2）2014 年《浙江省美丽乡村建设规范》。为进一步贯彻落实《浙江省美丽乡村建设行动计划（2011-2015 年）》，浙江省 2014 年制定发布了地方性标准《浙江省美丽乡村建设规范》，该规范在总结、提炼安吉美丽乡村建设做法和经验的基础上，借鉴了当时建设美丽乡村的国家标准及行业标准，在经济发展、环境整治、生态保护等方面设计出 36 项测量指标（见表 2-2），以标准和规范的形式框定了美丽乡村建设的内涵和外延。《浙江省美丽乡村建设规范》把“美丽乡村建设”由最初的宏观方向性概念转化为操作性较强的工作实践，保证了建设美丽村庄“建有方向、管有办法、评有标准”。一是明确“经济社会发展和环境保护的和谐共进”是当地美丽村庄建设的基本原则，要求协调推进“五位（政治、经济、文化、社会、生态）一体”建设，提出以“四美（科学规划布局美、村容整洁环境美、创业增收生活美、乡风文明身心美）”和“三宜（宜居、宜业、宜游）”为美丽村庄建设目标。二是设置定性要求与定量指标对经济发展、环境保护、社会治理等方面的技术标准进行统一和量化，对文化建设等领域用定性方式明确总体原则和基本要求的办法，给不同村庄的文化多元化发展预留出自由空间。三是根据村庄的不同情况制定了与其相适应的目标，根据不同村庄的现实条件制定了阶段性发展要求，使阶段性任务和全面目标逐步有序实现。

（3）2015 年《海南省美丽乡村建设导则》。2015 年 11 月，海南省出台《海南省美丽乡村建设导则》，在涉及村庄基础设施、村容环境、产业发展及公共服务等方面的范围内设置了 32 项指标，并以此为基础构建了总分为 100 分的评价考核指标体系，颇具地方特色和亮点。该导则的原则是各个村庄注重自身特色要素，尊重当地资源、风俗和文化的原有特色和个性，村庄面貌要保持整体性、原始性，村庄文化保持真实性、延续性。村庄建设要充分体现地方自主性和创造性，以村民的需求为宗旨，严禁不合实际的大拆大建、生搬硬套等“一刀切”问题的出现。一是从 11 个方面（环境绿化、环境美化、

表 2-2　浙江省《美丽乡村建设规范》中的量化指标

序号	指标项		量化标准值
1	有线电视入户率		90%以上
2	农村宽带入户率		高于当年所在县（市、区）平均水平
3	农村饮水安全覆盖率		98%以上
4	应实施强制性清洁生产的企业通过验收比例		100%
5	工业污染源达标排放率		100%
6	农家乐经营污水处理率		75%以上
7	饮食业油烟达标排放率		95%以上
8	生活污水处理或综合利用率		80%以上
9	生活垃圾无害化处理率		90%以上
10	工业固体废物处置利用率		95%以上
11	塑料农膜回收率		80%以上
12	农作物秸秆综合利用率		85%以上
13	规模化畜禽养殖粪便综合利用率		97%以上
14	清洁能源普及率		70%以上
15	丧葬管理率	骨灰跟踪管理率	100%
		基地治理率	100%
16	卫生公厕拥有率		高于1座/600户
17	农村卫生厕所普及率		90%以上
18	林木覆盖率	山区村和海岛村	15%以上
		半山区村	20%以上
		城郊村和平原村	25%以上
19	主要道路、河岸宜绿化地段绿化覆盖率		95%以上
20	平原区农田林网控制率		90%以上
21	农村居民人均纯收入增长率		高于当年所在县（市、区）平均水平
22	低收入农户人均纯收入增长率		高于当年所在县（市、区）平均水平
23	区域内骨干灌溉渠系建筑物配套率		100%
24	区域内骨干灌溉渠系工程完好率		90%以上
25	主导产业标准化生产程度		高于当年所在县（市、区）平均水平
26	村内适龄劳动力就业率		95%以上
27	医疗保险参保率		95%以上
28	残疾人社区康复服务率		90%以上
29	60岁以上参合老人健康体检率		65%以上
30	免费妇女病普查服务率		两年高于80%
31	农民养老保险参保率		高于当年所在县（市、区）平均水平
32	全年月人均养老金水平		不低于上年度水平
33	学前三年入园率		95%以上
34	九年义务教育普及率		100%
35	刑事案件年发生率		低于3‰
36	满意度	村民对村务公开的满意率	95%以上
		居民满意率	95%以上

环境质量、垃圾处理、污水处理、村容维护、厕所改造、水域保护、生态修复、能源使用、污染防治）提出整治村庄环境的标准，分别赋予11个标准可操作性指标。二是文化传承方面注重精神文化建设，村庄建有农家书屋、文化活动中心等文化活动场所，设置达标硬性指标（如书刊年更新率达到10%）。保护与传承农业文化遗产（民间文学、音乐、美术和舞蹈，民间传统医药、手工技艺、戏剧、曲艺、杂技与竞技，民族服饰，民俗活动等）。

3. 国内美丽乡村建设的主要类型

建设美丽乡村关系到村庄的生态环境保护、基础设施建设等问题，更涉及文化、历史、生产、生活等方方面面，不同乡村需依据各自的资源禀赋、经济发展水准、特色产业基础以及民俗文化传承等基础，因地制宜进行美丽乡村建设，其创建模式也有所不同，美丽乡村建设也更具有丰富性和多样性。因此，课题组在参考了2014年2月24日中国农业部科技教育司发布的中国"美丽乡村"十大创建模式的基础上，根据西部经济社会欠发达地区的现实状况，将其目前开展的美丽乡村建设划分为五种类型，这五种类型包括产业主导型、旅游主导型、生态主导型、文化主导型和环境主导型。

（1）产业主导型。产业主导型美丽乡村模式定位于具有生产某种特色产品的历史传统的村庄，围绕特色产品或特色产业链，实现专业合作化，形成产业集群。目前，东南沿海等经济发达地区多采用这一模式，大都立足于本地产业基础，发挥其产业优势和特色，依托于成熟的农民专业合作社，发展基础好、产业化水平高的龙头企业，基本实现了"一乡一业""一村一品"，农业生产聚集、农业规模经营、农业产业链条延伸，产业带动效果明显。

（2）旅游主导型。旅游主导型美丽乡村模式定位于具有丰富自然资源、景观资源、历史文化古迹、浓郁乡村民族特色的乡村地区，以观光休闲等多元化形式发展旅游。在景区周边或景区地域内的乡村，可以作为景区的附属接待和服务点存在，发展民俗风味、农业特色鲜明的旅游项目、餐饮和娱乐活动。利用位于城镇周边乡村的区位优势及交通便利条件，依托乡村的自然环境以及特色农业资源，以传统农业生产生活为基础，发展休闲度假经济。

（3）生态主导型。生态主导型美丽乡村模式定位于生态环境优美、污染少的地区，利用其优越的自然条件、丰富的水资源和森林资源，结合传统的田园风光和乡村特色，发展生态旅游，把生态环境优势转化为经济优势的潜力大。围绕生态农村景观的保护与开发，以保护地域文化、保护山村为基本目标，制定景观保护与开发规划并予以落实，把旅游观光与农业生产结合起来，旅游带动生产，提高当地农民收入，促进农业发展。

（4）文化主导型。文化主导型模式定位于具有古村落、古建筑、古民居等带有古代传统文化符号的村庄，利用遗存下来的独特民俗文化及非物质文化等乡村文化资源进行文化展示和文化传承。目前，在西部很多地方，可以在拥有革命遗址、革命纪念物以及以此为载体所形成的革命精神、革命事迹、革命故事为内涵的乡村，围绕红色人文景观，创新红色文化与乡村本土景观结合起来的新型旅游开发模式，形成优势互补的综合性乡村旅游特色资源。

（5）环境主导型。环境主导型定位于脏乱差问题突出的农村地区，以美丽乡村建设带动、解决或改善当地环境基础设施建设滞后、人居环境恶劣、污染严重等问题。环境主导型美丽乡村模式有针对性地改善当地群众呼声高、反应强烈的环境整治问题，包括工业污染治理、违章建筑拆除、生活垃圾污水的收集和处理、化肥农药污染治理、畜禽养殖污染和河沟池塘污染治理以及村道硬化、村庄绿化等。

二、国内美丽乡村建设的典型模式

我国幅员辽阔、地形地貌多样，各个乡村资源禀赋和经营方式千差万别，加上各地美丽乡村建设的理念不一致，经济社会发展水平、工业化、城镇化等方面的差异，形成了特色各异的美丽乡村建设模式，美丽乡村建设“百花齐放”，其中，比较成功的典型有安吉模式、永嘉模式、高淳模式、江宁模式,[①] 以及我国台湾的“富丽农村”模式。

1. 安吉模式：“环境+产业+素质+服务”四合一提升

安吉县地处浙西北，县名取《诗经》“安且吉兮”之意，是一个典型的

① 杜娜．美丽乡村建设研究与海南实践［M］．北京：科学技术文献出版社，2016：133-143.

山区县，正是这个山区县在社会主义新农村建设中成功地探索出了美丽乡村建设的特有道路。1998 年，安吉县在经历了工业污染之痛后放弃了工业强县战略，痛定思痛，随后走上“生态强县”之路。2003 年，浙江省开展“千村示范、万村整治”活动，安吉县乘着这股“东风”在全县范围内整治村容村貌。在村民居住环境方面，集中治理河沟池塘污染、生活污水污染、化肥农药污染、畜禽养殖污染、垃圾固废污染，改善农村人居环境。同时，还解决了久而未决的工业污染、生活垃圾污水污染等问题。2008 年，安吉县率先提出要建设美丽乡村，并将美丽乡村建设作为新一轮“生态强县”的重要载体，规划在 10 年内提升环境、提升产业、提升服务、提升素质，把全县各个村庄建成“村村优美、家家创业、处处和谐、人人幸福”的美丽乡村。经过多年的整治环境、创建美丽村庄，安吉县各个村庄的社会经济面貌大为改善。安吉县美丽乡村建设的最大特点是把自己当作一个景区来规划，把一个村当作一个景点来设计，把一户农家当作一个小品来改造。在改观农村面貌的基础上，依托本地竹林、茶园等生态资源优势，大力发展休闲旅游业、竹茶产业、新能源新材料等新兴产业，通过产业发展推进美丽乡村建设。

2. 永嘉模式：“环境治理+村落保护利用+生态旅游开发”文化传承延续

建县有 1800 多年历史的浙江省永嘉县，其境内的楠溪江两岸分布着 200 多个文化价值斐然的古村落，美丽乡村建设使它们再次散发出自身独特的魅力。永嘉县在建设美丽村庄的过程中，以文化为主导，重视综合治理环境，保护利用古村落进行生态旅游和人文资源开发，加快城乡统筹改革，促进城乡要素流动，优化配置城乡资源，使人口、土地实现永续利用，打造出兼顾历史文脉保护与美丽乡村建设的“鲜活样本”。

永嘉从环境整治着手，通过“三改一拆”改造更新了村庄建设，拓展了用于旅游、绿化和商贸用地的空间。通过实施浙江省“十百千万治水大行动”，治污水、防洪水、排涝水、保供水、抓节水，加强了村庄绿化、道路硬化、污水处理和垃圾处理的基础设施建设，改善城乡环境、建设美丽乡村。优化乡村空间布局，对散落在楠溪江畔 200 多个古村落，提出“村外建新村，村内搞整饬”，引导这些居民向城镇迁移，对这些历史文化村落展开抢救性保护，同时，建设新社区将分散的农房进行合理的聚居，逐步完成中心村的培育建设。积极挖掘人文自然资源，精心打造美丽乡村生态旅游。通过实施“三分三改”加快推进城乡统筹步伐，破除城乡二元结构、推动农村产权制度改革，逐步构建城乡一体发展的公共服务体系，让农民过上和城里人一样的生活，享受着和城市居民一样的社会福利。

3. 高淳模式："改善环境+发展特色产业+健全公共服务"打造精品休闲农业

江苏省南京市高淳区，以地高民朴闻名于世。自建设美丽乡村以来，高淳区以“村容整洁环境美、村强民富生活美、村风文明和谐美”为宗旨，走出了一条围绕生态转型发展的道路，创建了休闲农业与美丽乡村建设高淳模式，打造了符合自身实际的休闲观光农业特色发展道路。

高淳区以“绿色、生态、人文、宜居”的村容整洁环境优美为目标，通过加大基础设施建设力度来改善人居环境。2010 年，当地 250 多个自然村进行了“靓村、清水、丰田、畅路、绿林”建设，采取这“五位一体”的措施对所有道路、河道、桥梁、路灯、当家塘以及垃圾收运处理设施、污水处理设施等基础设施进行提升改造，相继建成 112 套农村分散式生活污水处理设施，实现了村庄生活污水垃圾集中处理 30%以上的处理率，当地农村生活垃圾无害化处理率达 85%以上。在搞好村庄基本建设的同时，建成山水风光、古村落、休闲旅游、生态田园等多元模式的美丽村庄，如建成中国首家国际慢城——桠溪国际慢城。桠溪国际慢城集生态景观、水系景观、村庄人文景观与慢生活运动的理念于一体，成为最具特色与魅力的休闲乡村。创新农业产业现代化发展模式，跨区域联合开发、股份制合作开发土地资源，推广种养殖一体、产供销共建、深加工联营等产业化项目，重点培育特色旅游、商贸服务、高效农业项目，实现村民就地就近创业就业。创新统筹城乡发展现实路径，如建成把公共服务设施作为主体，以专项服务设施为配套，以服务站点为补充的公共服务设施网络。加快村庄的通信、宽带覆盖和信息综合服务平台建设，推动公共服务水平进一步提高。

4. 江宁模式："国企参与+市场化机制+社会资本"创建都市生态休闲农业

江宁区位于南京市南部近郊，形成了典型的休闲旅游型美丽乡村模式。

江宁把美丽乡村作为一张城市名片打造，开展了“三化五美”（农民生活方式城市化、农业生产方式现代化、农村生态环境田园化和山青水碧生态美、科学规划形态美、乡风文明素质美、村强民富生活美、管理民主和谐美）村庄建设，成功打造出谷里“世凹桃源”，横溪“石塘人家”，江宁“朱门农家”“汤山七坊”和“黄龙岘”为代表的乡村休闲旅游景点，把黄龙岘、苏家、大塘金等多个村庄连接成片，实现优势互补、锦上添花，创新美丽乡村建设模式。

近年来，江宁进行土地整治和集约高效利用，实现了土地资源的高效配置和综合整治利用。重点建设路网、水利、供水供气和农村信息化等城乡一体的基础设施。培育现代农业和都市生态休闲农业，将生态优势转化为竞争优势，农民收入持续增加。在村容村貌方面，江宁交建平台和街道联合，通过市场运作将美丽乡村示范区扩建至430平方千米。单个村庄或农村社区可以创建示范村或达标村。以国企主导、街道配合为路径，建设一些重大基础设施和单体投资较大的项目；鼓励街道吸引社会资本进入项目投资与经营；以杜绝与民争利为出发点，对一些适合农民自主建设的项目则积极引导农民参与建设。

5. 我国台湾“富丽乡村”模式

20世纪90年代，台湾建设“富丽乡村”的目标是把乡村建设成为空气清新、田园风光优美、生活节奏休闲、现代农业与休闲旅游业融合、乡村内涵与人文意识合一的新农村。休闲农庄充分挖掘农村价值，实现了“三位（农业、农村、农民）一体”与“三生（生产、生活、生态）农业”融合均衡发展。在这一理念引导下，台湾新农村建设创新生态景观的营造和保护，围绕环境布局产业，注重社区文化建设，着力使村庄公共设施和交通设施便利，在此基础上打造兼具产业和人文形态、生态保护和旅游观光的休闲农庄。

“富丽乡村”建设初期，台湾出台了一系列科研开发、村貌整治、培训农民、培育农民组织、科研开发和农村金融方面的政策措施。首先，调整产业布局，围绕产业布局改造基础设施，前期加强景观建设和社区的多元文化中心建设，中期对村庄休闲农业予以专门辅导，后期对重点区域的村庄休闲农业进行评审，以此提升景观的吸引力和休闲农业的经营效率。其次，制定鼓励农业科技发展的政策措施（如《农业科技计划产学合作实施要点》《农业新兴重要策略性产业部分奖励办法》等），确保农业科技资源的有效利用和技术成果的转化。同时，农业科技园区的建立、生物肥料与生物农药的研发应用、遥测技术在农业生产中的应用有力地提升了农业竞争力。再次，2003 年出台的《农业金融法》和“农业金融局”配套成立，以及较为系统规范的农村金融体系的良好运转有力支持了农业生产的发展。然后，针对不同的对象，实施了农村青年利用最新技术与方法从事现代农业经营的素质教育培训；成年农民掌握生产技术、经营管理、市场营销等方面知识的农业科技培训；妇女适应现代化生活对高水平家政服务的培训。最后，出台《台湾农会管理办法》，明确农会在农业技术推广，农产品的生产、运输和销售，农业保险和农村信用等领域的职责，为农会在新农村建设过程中发挥的重要作用提供基础和保障。

三、国外美丽乡村建设模式

20 世纪初，发达国家或地区开始了美丽乡村建设，典型的乡村建设模式有美国“新城镇开发”（20 世纪 20 年代初）、日本“造村运动”（20 世纪 60 年代）、德国“村落更新计划”（20 世纪 60 年代）、韩国“新村运动”（20 世纪 70 年代）、法国“农村整顿”、瑞典“农家人合作社”、加拿大“农村伙伴计划”等。此外，印度作为发展中国家的典型，其“乡村综合开发运动”也颇有成效。这些国家“通过对传统农业进行全面改造加快农业现代化进程。因地制宜，开发特色产业，在可持续发展理念的引导下，结合完善的法律体系与保障制度，开辟出了各具特色的发展道路”（见表 2-3）。

表 2-3 典型地区乡村建设模式及效果

国家或地区	典型做法	取得成果
韩国（新村运动）	以美化环境和农村改造建设、教育培训与激励机制结合为重点	改变农村贫穷落后面貌，加快农村城市化进程，短期内实现传统农业国向新型工业国的成功转变
日本（造村运动）	强调发展特色产业，做到“一村一品”	城乡贫富差距逐渐缩短，全面实现城乡一体化

续表

国家或地区	典型做法	取得成果
德国（村庄更新）	侧重统筹规划、合理布局，强调可持续发展，发展特色产业与现代科技农业	农村生活质量提升，现代化农业与特色产业均衡发展，产业多元化，实现可持续发展道路
法国（主题旅游）	波尔多作为全球最著名的红酒产区，以慢行交通方式串联红酒闲度假体系	依托发达的红酒产业，实现对红酒产业的增值开发
加拿大（主题农场体验）	将农场主题明确并加以多元化演绎和延伸，形成具有农场特色的产品和服务	构建多样化产品体系，满足不同市场群体需求，提升了农场的品牌价值

1. 韩国“新村运动”

20 世纪 60 年代的韩国农村发展落后，民生凋敝，城乡差距较大，因此，韩国自 1970 年开始实施“新村运动”。“新村运动”初期政府加大对农村基础设施的投入和建设，逐步改善农村生活条件，改变了农村贫穷落后的面貌。随后，“新村运动”建设面扩展到农产品加工，农村产业化水平逐步提升。与此同时，政府在整个“新村运动”推进中，非常重视和倡导精神文明建设，完善的全国性新农村民间组织又把“新村运动”推向了高潮。

在“新村运动”开展过程中，政府通过规划、定级、分步骤实施基础设施建设，主要着力于耕地整治、河流清理、道路修建、改善农业基础条件。在美化环境以及农村改造方面，韩国政府依据不同农村的现实情况，把农村（所有自然村）分为基础、自助和自立三个级别（见表 2-4），① 并为三个级别设计了不同的实业发展项目和推广纲领，按照三个等级农村的特点，制定好各等级村的发展大纲。每个农村在达到某个级别规定的条件以后，可以申请晋级，享受国家对上一个级别的支持和待遇。这一做法成效显著，截至 1977 年底，全国范围的基础农村已全部升级（见表 2-5）。

① 胡世前，毛雪雯．韩国新村运动——20 世纪 70 年代韩国农村现代三化之路［J］．甘肃行政学院学报，2011（1）：27.

表 2-4　农村升级过程等级评级基准

项目	事业名称	由基础农村向自助农村升级	由自助农村向自立农村升级
1	村内公路	村内中心道路修整完毕	村内中心道路修整完毕和羊肠小路修整完毕
2	农田路建设	农田到村口小路建设	农田到村口大路建设
3	桥梁建设	小规模桥梁建设（10 米以上）	中等规模桥梁建设（20 米以上）
4	江河/溪流控制	通过村庄内部的江河/溪流	村庄周边地区的江河/溪流
5	灌溉设施	80%修整	85%修整
6	村内公共娱乐设施	无要求	村会馆和共同的工作场所
7	草房改造率	村全体住房的 50%	村全体住房的 75%
8	村共同基金	＄ 600 以上	＄ 1000 以上
9	每户平均储蓄	每户平均＄ 20	每户平均＄ 40
10	年平均收入	每户＄ 1400 以上	每户＄ 1600 以上

资料来源：金英平（音译）. 不确定性与政策的恰当性［M］. 韩国：高丽大学出版社，1991.

表 2-5　基础农村、自助农村和自立农村变化趋势

年份	全国农村数量/个	自立农村		自主农村		基础农村	
		村子数量/个	所占比例（%）	村子数量/个	所占比例（%）	村子数量/个	所占比例（%）
1972 年	34665	2307	7	13943	40	18415	53
1973 年	34665	4246	12	19763	57	10656	31
1974 年	34665	7000	20	21500	62	6165	18
1975 年	35031	10049	29	20930	60	4046	11
1976 年	35031	15680	45	19049	54	302	1
1977 年	35031	23322	67	11709	33		
1978 年	34815	28701	82	6114	18		
1979 年	34871	33895	97	976	3		

资料来源：金英平（音译）. 不确定性与政策的恰当性［M］. 韩国：高丽大学出版社，1991.

在对传统农业方面，各村落因地制宜，发展养殖业、种植业、畜牧业等特色产业，创造出城郊集约型现代农业区、平原立体型精品农业区、山区观光型特色农业区等不同类型的农业区划，拓宽了农民的增收渠道。通过财政补贴的方式推广水稻新品种。通过兴建乡村工厂就地转化劳动力，增加农民收入。提高农民素质，以村庄为单位选拔发展领头人，进行专业培训提高其文化、科学素质，从而带动全村村民提高整体素养。政府在全国范围内自上而下推动，从中央到地方层层建立研修院或学校等教育培训机构，针对运动决策者、指导者等相关人员进行专门培训。[①] 对突出的个人、村庄提供相应的财力、物力支持，对表现不佳的减少支持力度甚至不予扶持，通过严格的考核制度与奖惩制度来调动各村的积极性及示范效应，在强大执行力的保障下成效显著。

2. 日本“造村运动”

20世纪70年代末，日本开展“造村运动”，由民间主导、政府支持对农村进行自上而下的改良运动，运动包括改善生态环境，建设农村基础设施、保护古村落古建筑、培养农业技术人才等，推动了地方经济的发展，振兴农村，缩小城乡差异。政府通过颁布政策法规和提供资金技术等措施起到了重要的引导和推动作用。政府根据全国各地不同农村的实际状况，在乡村建设方案的制订上充分尊重民意，根据不同乡情，给予不同的方针。同时，在“一村一品”发展理念指引下，各个村落根据自身具有的优势资源，在本区域内发展一种（包括农业特色产品、特色旅游项目和文化项目等）或几种有特色的且在一定范围内具有强烈竞争力的产品，以此为基础，建立优势产业基地，构建金融支持体系用以支持农业低息贷款和农业补贴发放，为进一步推动区域特色产业发展提供了保障。

日本的“造村运动”由民间主导，但是政府、农业协会在“一村一品”中发挥着不可替代的作用。政府投入大量资金和劳动力营造出良好投资环境，改善农业生产条件，提高农业资本的收益率；开展对农产品规模化的精深加工，统筹安排农产品的存贮、加工、运输和销售，解决传统农业零星分布、小规模生产的问题，增加产品的附加值，减少农户损失，增加农民的收入。农业协会制订农业发展规划，指导农民的生产活动，解决农业生产经营中的问题，如农业协会将（每户）农民需要购买的零散原材料订单汇集在一起，

---

① 金国胜．韩国新村运动对我国城镇化建设的启示［J］．湖北农机化，2013（6）：11-13.

直接向生产企业大批量订货，签订（批发）优惠合同避免中介从中牟利；与农民签订收购合同，农民协会上门收取农产品，免费或收取低于市场收购商上门收货的费用，并将销售收入直接存入农户在农会开设的专用账户，使农民的收入不受损失；为了满足农民的各种需求，建立了农会培训中心、农业科技培训中心、农业高级学校等各种服务培训机构，开设的课程多种多样，农民可根据自身需求免费参加培训。

3. 德国“村庄更新”

“二战”过后，德国满目疮痍，经济停滞不前。政府通过财政支持等手段将大规模工厂转移至农村，来实现政府采取的以土地合并方式缩小城乡贫富差距的目的。之后，在20世纪50年代中期出台的《土地整理法》明确了“村庄更新”的主要任务，伴随城市环境问题的显现，“逆城市化”使农村人口激增，土地、交通等矛盾加剧，人民生活质量下降。1976年，“村庄更新”被写进了德国政府修订的《土地整理法》，明确了乡村建设走特色发展、绿色发展之路。21世纪后，可持续发展理念融入“村庄更新”，政府积极推动多元（生态、休闲、旅游等）产业发展，改变传统农业模式，使其基因农业、环境农业、原料农业等现代科技农业蓬勃发展。在此基础上，德国发展成为工农业均衡，农村与城市都具有优美环境、便捷交通和设施完备的乡村建设成功典范。[①]

德国政府出台的《德国联邦土地整理法》明确规定，村镇必须通过制定“整体发展规划”来控制“村庄更新”规划，规划的具体范围包括土地资源、基础设施、产业结构等内容。规划须遵循的基本原则为规划以园林布局为主、养护以绿色植被为主，体现村庄与周边自然环境的融合协调，如很多村庄创造性地用木栅栏或种植有绿色花草的土墙替换了铁栅栏、水泥墙等原有的围墙。重点保护民族民俗特色，如基础设施布局要注重民俗统一，注重均衡发展。根据各个村庄的实际情况划分出不同等级，按等级要求完善公共基础设施和市政设施，并对垃圾、污水等设施的使用和运行实行有偿收费。政府通

① 常江，朱冬冬，冯珊珊．德国村庄更新及其对我国新农村建设的借鉴意义［J］．建筑学报，2012（11）：71-73.

过网络、讲座、报刊等多媒体平台进行宣传，征集意见，扩大受众范围，调动民众参与“村庄更新”运动的积极性。德国农村能够得到良性发展，很大程度上要归功于“村庄更新”。德国“村庄更新”的成功经验在于通过完善的法律体系、制订科学规划和广泛社会参与来保障村庄的建设及可持续发展，从而加快推动农村城市化进程。

4. 法国、加拿大现代乡村建设

在欧美地区，随处可见的美丽乡村是人们幸福的源泉，也是现代人休闲和修身养性的重要去处。法国、加拿大的现代乡村建设亦是朝着这个方向打造的，两国分别依托于当地的自然资源发展乡村经济，对“一村一品”模式进行了现代化的诠释与演绎。

（1）法国波尔多红酒休闲度假庄园。法国波尔多地区作为全球最著名的红酒产区，以慢行交通方式串联红酒休闲度假体系，实现了对红酒产业的增值开发，成为主题旅游的典范。它依托发达的红酒产业，以顶级原产红酒、顶级名庄的优势聚集规模和对品质的自觉严格控制来吸引高端酒客。通过对传统文化风情的保持营造出原汁原味的地域文化景观与氛围，创建了自成体系的红酒主题文化庆典——圣埃米利永节，成为法国红酒主题旅游中著名的特色活动。

为了与红酒主题文化庆典配套，度假庄园打造了一系列充满地域特色的设施和服务，包括在历史城堡改造的酒店里体验法式贵族生活，在农庄客栈与葡萄园酒窖的亲密接触，街头餐区就餐品鉴的既是美食也是文化，在传统故事里寻觅城市中难觅踪迹的味觉记忆，在庄园里体验农事（到葡萄园中体验采摘、除虫、松土等农事劳动），田园健身游览（骑车或徒步，在葡萄园、薰衣草田等景观田园中的阡陌小路上穿行），教士主题拜访（教士是本地的初创者，其在修道院中延续千年，至今仍保持传统宗教服饰和生活方式，值得拜访，访客还可穿上教士服饰，俯瞰古城沧桑）。制定推广本地红酒行业标准（在国家分级的基础上，进一步提高标准），成功确立了圣埃米利永系列品牌

在波尔多红酒中的顶级品质保障。[①] 波尔多地区又以“红酒之路慢悠度假”而著称，红酒之路环形路线以乡野葡萄园和古镇城堡为主要景观，游客可以选择自行车、步行、骑马、小摩托、热气球等慢行交通方式。这种以“慢行”为主旨而设计和运营的旅游模式，采用了多元化的慢行方式选择、完善的标牌和服务设施等共同保障了慢行体验的品质。开发了丰富多彩的度假活动满足各类客户群体的休闲诉求，如体验酒庄探访品酒、历史建筑观光、传统文化风情、地域特色节事、葡园农事劳作、宗教场所探访等，大大增加了对不同群体的吸引力。

（2）加拿大 Krause 莓果主题农场。加拿大 Krause 莓果主题农场位于温哥华西约 40 千米，是世界著名的一处农场体验地，农场起初仅种植蓝莓这一单一莓果品种，之后种植多元品种形成莓果农产系列，令果实成熟期覆盖整个夏秋旺季，激发游客持续的农业主题出游动机。此外，还培育了多品种的花田，花期覆盖春夏秋三季，美化景观并增加收益。其特点是农场主题明确并加以多元化演绎和延伸；形成具有农场特色的产品和服务；构建多样化产品体系，满足不同市场群体需求。

在商业化的运作中 Krause 莓果农场设计了丰富多彩的休闲项目，主要包括烹饪学校（王牌产品）绝佳平台，由知名大厨亲自演示，选择多样且定期变化的授课菜式，令客人兴趣无穷，乐于重游。为了培养和建立多元消费习惯和消费偏好，游客可以动手制作或烹饪所有产自农场的食材，亲自体验其品质和特色。农场美食主题鲜明、系列丰富，以应季莓果为主料，推出美味果汁饮料、乡土风味大菜、优品莓果佳肴和新鲜乳脂制品四大系列。农场购物门类齐全，旅游商品门类众多，无论家居日用还是馈赠亲朋，总能找到理想的选择。原味乡村 Krause 的休闲活动以亲子型为主，在原汁原味的乡野环境中，引导客人自在游乐。增值度假服务独具格调，包括该酒庄主题会所、专业酒窖和酿酒工坊等设施。节事活动题材多样，各种莓果的收获季节会举办专场品尝，在圣诞节、万圣节等传统节事时，农场利用自身的农耕风情优势，举办原汁原味的节事嘉年华。开发莓果食品、莓果日用品，全面挖掘了

① 杜娜．美丽乡村建设研究与海南实践［M］．北京：科学技术文献出版社，2016：176-182.

市场需求，提升农场的品牌价值。①

四、国内外乡村建设的成功经验对甘肃的启示

中国要美，农村必须美。甘肃要美，农村必须美。作为西部内陆省份，甘肃美丽乡村建设不仅要转变农业发展方式，更要注重生态环境资源的有效利用、人与自然的和谐相处、农村的可持续发展。相对于东部发达地区，甘肃面对农村人口众多、自然环境恶劣、经济基础薄弱和社会发展相对滞后的现实，要建成美丽乡村的任务更加艰巨。因此，甘肃需要借鉴国内外乡村建设的成功经验，以“拿来主义”查漏补缺，扬长避短，走适合甘肃省情的美丽乡村发展之路。

1. 选择适合省情的美丽乡村模式，分层次、有重点逐步推进

甘肃基于省情及农村发展阶段性特征，美丽乡村建设初期，很多地方得先着手解决看得见、摸得着的生活环境改善，通过集中攻坚基础设施项目建设来改善人居环境，以可视性成果取得农民对政府的信心和信任，为吸引农民积极参与到美丽乡村建设中打下了良好的基础。但是，从长远来看，甘肃地形地貌多样，区域经济状况、社会环境和发展水平差异较大，美丽乡村建设的难度也比较大，各地在取得阶段性成果的基础上，应依据不同的资源禀赋、社会经济发展情况，分层次、有重点地逐步推进美丽乡村建设，探索建立适合自己的美丽乡村模式。

国内外美丽乡村建设的实践有共同的特点，即依据当地自然生态环境和资源禀赋、历史文化积淀、经济社会水平和外部环境基础等现实来选择农村建设模式。日本“一村一品”和韩国“新村运动”，安吉产业主导模式、永嘉文化主导模式和高淳生态主导模式，都立足于本地实际来发展具有地域特色的农业产业。因此，甘肃省各地方宜在搞好自身建设的基础上“扬优势或补短板”，以实现阶段性重点目标为抓手，充分挖掘区域资源打造属于本地区

① 杜娜．美丽乡村建设研究与海南实践［M］．北京：科学技术文献出版社，2016：182-184.

的拳头产品和优势产业，结合发展将自身规划为产业主导型，或旅游主导型，或生态主导型，或文化主导型，或环境主导型等不同的建设模式。

2. 制定甘肃美丽乡村建设标准，因地制宜“本土化”

随着美丽乡村建设的不断推进，甘肃涌现出陇南康县、庆阳宁县、平凉泾川等美丽乡村建设的先进典型。在这些地方，农民生产生活条件不断改善，农村公共服务水平不断提高，农村面貌发生了较大的变化，为进一步推动甘肃美丽乡村建设提供了实践依据和区域样本。但是，在如何实现“美”的过程中，在建设主体和技术、运行维护、服务和评价等各个方面尚缺乏全省统一的技术指导，重建设轻管理的现象普遍存在，建设美丽乡村取得的成果难以得到有效的巩固和持续发展。目前，甘肃省已发布了《中共甘肃省委　甘肃省人民政府关于改善农村人居环境的行动计划》（2013 年）、《省改善农村人居环境“千村美丽”示范村建设标准》（2014 年）等政策文件，但没有发布全面的、系统的美丽乡村建设标准。

甘肃美丽乡村怎样建？应该建到什么程度？美丽乡村建成后如何管？怎样才能可持续发展？没有规矩不成方圆，借鉴浙江省、福建省的经验，标准化建设充分考虑各地的实际，在确定美丽乡村标准化市县级试点的基础上制定省级地方标准应是客观要求。因此，制定和发布甘肃省美丽乡村地方标准，给一些没有厘清发展思路或编制规划不成熟的市县，提供推荐性的建设原则、思路、目标和方向，使大部分乡村经过努力都能够达到和实现基本目标，同时也解决了美丽乡村建设实践层面中，因缺乏系统过程控制、质量管理、运行维护、服务规范造成的绩效考核难、效果评价难等问题。

3. 规划编制宜实事求是，亦适度超前，讲究“做细做实”

每一个村庄如何界定“美丽乡村”建设的内涵、概念及定位？国内外乡村建设的成功经验首要是科学规划引导，减少建设过程中诸多不确定因素的影响，保证美丽乡村建设有序进行。甘肃农村情况复杂、地域差异大、发展不平衡，需要遵循农村发展的差异性和阶段性，在相关理论引导与科学规划指导下开展美丽乡村建设。规划编制要在符合农村实际和发展规律基础上，确定预设目标、发展思路和科学方法，使乡村建设总体规划与土地利用规划、产业发展规划等其他规划结合，在此基础上科学编制县域总体规划，并严格按此行动落实。

在编制县域村庄布局规划上，借鉴浙江的点面结合、目标明确、落实有措施、实施有途径的村庄建设规划，并将其作为行动纲领，在建设美丽乡村过程中发挥决定性作用。在改善农村人居建设中可以把建设“绿色乡村”作为改善人居环境的目标，以“绿化”作为村庄改造、环境整治、富民增收的核心，围绕绿色做“增绿又增色、增绿又增美、增绿又增收”的文章。在具体实施过程中，坚持以“空间开敞、生态良好、环境优美”的目标建设田园风光秀美的现代村落；民居改建规划充分考虑到“地方特色和地域特征”，重视差异性、不搞“一刀切”；因地制宜上（污水或垃圾处理）设施，告别“污水靠蒸发、垃圾靠风刮”的旧貌。在编制村庄整治规划上，借鉴韩国分类指导、分步实施、逐级递进模式，以项目推动乡村建设，依据农村现实情况把所有村庄分为不同等级，对应各个等级设计公共事业项目和推广纲领，制定各等级村的发展大纲，最后在项目完成后期进行成效评价，并依据评价结果给予差别式资金扶持和政策支持。

目前，甘肃一些美丽乡村建设的重心在改善人居环境层面，但是从编制规划的战略出发，应考虑将搭建公共服务平台使农民乐享好生活、合理利用文化资源、统筹保护与建设历史文化等长远目标纳入规划内容。克服或改变在现实中认识不够思想不统一、观念落后思路不清、轻视编制规划急于求成、项目建设规划和标准缺失、市场机制和社会力量作用发挥不够的问题。

4. 重视农民主体地位和素质提升，保证美丽乡村建设的自发性与持续性

目前，甘肃省美丽乡村建设多采取政府出资帮扶，比较注重农村居住条件、生活环境的改造，一些农村环境整洁度提高了，以往垃圾随处乱丢、污水随意排放等脏乱差问题解决了，但是赌博搓麻将盛行、婚丧嫁娶大操大办、生活陋习随处可见。美丽乡村建设重视经济发展、生活富裕有形“美”，而对“良好村风和现代生态文明意识”无形“美”的建设还比较薄弱。因此，把甘肃乡村建设成为具有乡村特色内涵以及外在（如居住条件及环境、经济社

会发展实力等）和内在（如村民的文明程度、发展理念等）协调发展的“农民家园”任重而道远，必须充分调动农民积极参与，使农民成为美丽乡村建设的主体。

（1）扩大农村基层民主，依靠村民自治发挥农民群众的积极性和创造性。通过“自下而上”的主体参与和“自上而下”政府及专业团队的引导，做到因地制宜推动城乡协调发展。重视美丽乡村建设主体的参与和决策，政府在制订乡村建设规划时要充分考虑村庄的实际需求和当地农民的意愿，确保农民（或农民代表）全程参与美丽乡村建设，包括参与制定村庄发展战略目标，并通过《城乡规划法》对具体程序予以约束，筑牢规划落实的基础。

（2）提升农民的综合素质，注重培养其科学文化素养与促进思想观念的转变。韩国“新村运动”开展的30年也是大力推动“新村教育”的30年，“新村教育”作为“新村运动”不可或缺的一部分发挥了非常重要的作用，不断提升知识水平和自身素养的农民群体是“新村运动”坚实的实践者。《法国农业教育指导法案》以法律的形式推动和保障农业教育培训体系的建立与运行，创办了一大批农业研究机构和农业学校，使农业教育在农村建设过程中培养了众多农业人才。典型发达国家和地区在农村改革与建设中非常重视对农民的教育，通过加强教育培训，帮助农民在乡村建设过程中发挥出重要的作用。借鉴它们的成功经验，一方面，加强培养农业科技创新人才：省级层面可以通过加强整合和充分利用广播电视等新媒体、农业院校和职业学校、农业技术培训班等各种教育资源，逐步构建布局合理、功能齐备、供需平衡的农业农民职业教育培训体系。各个地方可以通过邀请高校教师、科研工作者到农村举办培训班、农业科技讲座等，在实践中帮助农民掌握实用技术、操作农业机械要领以促进科技转化为生产力，同时，潜移默化地提高农民的思想认识。另一方面，针对村庄建设“重”居住环境的改造，“轻”人的素质培养，文明程度、文化建设滞后等问题，以政府力量为主导加大对农民综合素质的培养及提升，构建社会力量投资、各种机构参与的农民文化和技能培训投资的运营体制机制。

（3）建立健全新农村建设的体制机制。建立“奖勤罚懒”的激励制度，使农民自愿自觉地分担美丽乡村建设的责任和任务，同时，避免干部为尽快取得成效，在美丽乡村建设实践过程中漠视农民的主体地位大包大揽、包办代替等短视行为的发生。

5. 培育、引入民间第三方力量，为美丽乡村建设提供后续动力和保障

甘肃大部分农村地区市场化程度较低、造血能力弱，需要政府在乡村建设初期从规划和政策层面提供全面助力，包括技术、经验和行政等方面的支持。但是，后续运行、维护以及管理建设所需资金、资源的多元化支持就要依靠乡村自身或民间的第三方力量，这些第三方主要包括农民经济组织、企业、社会团体等非政府组织。借鉴韩国、日本等国家依靠农业合作组织推进乡村建设，农业合作组织为农民经济和政治意愿代言等成功经验，全省各地应培育和支持具有一定规模和实力的农业合作组织，促使它们在美丽乡村建设过程中充分发挥出帮助农民创收、调整农业产业结构的重要作用。一些条件成熟的地方，还可以借鉴江宁美丽乡村模式，吸引社会资本打造乡村生态休闲旅游型模式。政府鼓励国企参与美丽乡村建设，以市场化机制开发乡村生态资源，如以国企主导、街道配合为路径，建设一些重大基础设施和单体投资较大的项目；鼓励街道吸引社会资本进入项目投资与经营；以杜绝与民争利为出发点，引导农民进入可以由农民自主建设的项目。

第三章
甘肃美丽乡村建设的做法、成效与经验

党的十八大报告首次把生态文明建设纳入“五位一体”的总体布局，第一次提出了“美丽中国”的全新目标，指出“要努力建设美丽中国，实现中华民族永续发展”，这是我国发展理念和发展实践上的重大创新。在我国，农村所占地域和农村所占人口都超过50%，要实现党的十八大提出的“美丽中国”奋斗目标，就必须加快美丽乡村建设步伐。近年来，甘肃省围绕着实现“美丽中国”的国家战略目标，依据国家关于美丽乡村建设的顶层设计和战略部署，因地制宜地精心谋划全省美丽乡村建设，明晰发展思路、目标任务、保障机制、考核办法等，全省改善农村人居环境和美丽乡村建设取得了显著的成果。

一、甘肃美丽乡村建设的目标设计与实施

2013年，汪洋同志在全国改善农村人居环境工作会议上指出：“农村建设过程具有一定的规律和共性，一般是先建好农村基础设施，然后治理农村生产生活环境，最后是美化提升农村的景观风貌”“在改善农村人居环境的基础上，有条件的地方要开展美丽乡村建设”，他认为中西部省份并不是只能做第一个层次的事情，在城市和旅游景点周围建设美丽乡村的条件也是不错的，可以因地制宜地在省域范围内三个层次的事情都做。甘肃省属于西部欠发达的省份，自然条件复杂，经济水平整体偏低，城乡发展很不平衡，农村人口多，少数民族众多，结合省情特点，尊重农民意愿，对甘肃美丽乡村建设提出切合实际的目标设计是有序推进此项工作的前提。

1. 甘肃省美丽乡村建设的背景

2013 年中央一号文件第一次提出要建设美丽乡村的奋斗目标，当年农业部在全国启动了美丽乡村创建活动。建设美丽乡村是对建设社会主义新农村的再提升，是在农村中推进美丽中国建设的重要务实举措。在美丽乡村建设的初期，农业部出台了创建美丽乡村的目标体系，形成了我国美丽乡村创建实践的国家标准，浙江、福建等地也陆续建立了自己的地方标准。2015 年 6 月，农业部参与起草的《美丽乡村建设指南》国家标准正式实施，它从总则、村庄规划、村庄建设、生态环境、经济发展、公共服务、乡风文明、基层组织、长效管理九个方面提出了美丽乡村建设的具体要求，并在公共服务、生态环境、社会保障等方面提出了 21 个具体的量化指标，进一步规范了美丽乡村建设的标准，对美丽乡村建设实践中存在的问题进行了校正，为全省美丽乡村建设提供了目标性、框架性和技术性指导，成为全国各地美丽乡村建设实践的根本遵循。[①]

目前，甘肃省乡村基础设施和环境治理的任务仍较为繁重，根据全面建成小康社会和社会主义新农村建设的总体要求，甘肃立足于全省乡村发展实际和区域差异，准确把握乡村建设规律，分层推进，突出重点，在着力谋划全面改善农村人居环境的同时，也为条件较好的乡村开展美丽乡村建设规划了蓝图。2013 年 12 月，甘肃省委、省政府出台《关于改善农村人居环境的行动计划》（甘发〔2013〕20 号），对以“千村美丽、万村整洁、水路房全覆盖”为主要内容的农村人居环境集中改善行动做出全面部署。此后，围绕更好落实该《行动计划》，编制了相关发展规划，出台了改善农村人居环境的实施意见、“千村美丽”示范村建设标准、“千村美丽”示范村考核验收办法等，由此形成了甘肃美丽乡村建设完整的目标设计。[②]

2. 甘肃省美丽乡村建设的设计和规划

（1）制订改善农村人居环境的行动计划（2013 年 12 月）。改善农村人居环境是全面建成小康社会的基本要求，是建设“美丽中国”的重要内容，是

---

①② 邓生菊，陈炜．乡村振兴与甘肃美丽乡村建设［J］．开发研究，2018（5）：98-103.

统筹城乡发展的有效途径，是广大人民群众的愿望。为了全面有效推进甘肃改善农村人居环境工作落实，2013 年 12 月，甘肃省委、省政府出台《关于改善农村人居环境的行动计划》（以下简称《行动计划》），指出要“以党的十八大精神为指导，统筹扶贫开发、新农村建设、城乡一体化，坚持规划先行、点面结合，以农村基础设施建设为重点，以农村环境整洁为突破口，以美丽乡村建设为导向，分层次分步骤地推进农村人居环境改善工作”。①

《行动计划》提出，要把点上示范和面上保障农民基本生产生活条件结合起来，开展以“千村美丽、万村整洁、水路房全覆盖”为主要内容的农村人居环境集中改善行动（见表 3-1）。具体内容是：①千村美丽，即到 2020 年建成 1000 个以上公共服务便利、村容村貌洁美、田园风光怡人、生活富裕和谐的美丽乡村示范村。②万村整洁，即到 2020 年全省 60%以上的村庄实现脏乱差全面治理，畜禽养殖区和居民生活区科学分离，垃圾污水得到处理，村庄基本绿化，村庄环境整洁。③水路房全覆盖，即到 2020 年，全省农民普遍住上安全房，喝上干净水，走上平坦路，基本实现安全饮水、通行政村道路硬化、危房改造的全覆盖。它还强调改善农村人居环境必须要坚持“因地制宜，规划引领；量力而行，循序渐进；城乡统筹，突出特色；农民主体，利民便民”的原则。②

表 3-1　农村人居环境集中改善行动目标

内容	目标与基本要求
千村美丽	到 2020 年，建成 1000 个以上的美丽乡村示范村庄 示范村庄的基本要求：公共服务便利、村容村貌洁美、田园风光怡人、生活富裕和谐
万村整洁	到 2020 年，全省 60%以上的村庄达到环境整洁 环境整洁村庄的基本要求：实现脏乱差全面治理，畜禽养殖区和居民生活区科学分离，垃圾污水得到处理，村庄基本绿化
水路房全覆盖	到 2020 年，全省基本实现安全饮水、通行政村道路硬化、危房改造的全覆盖 水路房全覆盖的基本要求：让农民普遍住安全房、喝干净水、走平坦路

①② 中共甘肃省委　甘肃省人民政府关于改善农村人居环境的行动计划［EB/OL］.［2014-01-26］. http：//www.gansu.gov.cn/art/2014/1/26/art_4211_163367.html.

《行动计划》特别阐述了“坚持规划引领”的具体要求（见表3-2），指出：①县域村庄布局规划要根据主体功能区规划的定位和长远发展取向，按照整体搬迁村、撤并集中村和保留提升村等不同情况进行分类，依时序明确具体实施的进度安排和重点任务，牧区要确定实施的游牧民定居点，综合谋划和统筹布局供水、道路、垃圾处理、污水处理，以及文教、医疗和体育等公共服务设施建设。②村庄整治规划要在县域村庄布局规划整体框架下，与土地利用总体规划、历史文化名村和传统村落保护规划以及地质灾害治理规划等相统一、相衔接，统筹安排水路房、公共服务、垃圾污水处理、产业发展、防灾减灾、环境绿化等项目。③村民住房设计要在遵循村庄统一规划的基础上，按照安全、适用、经济、美观的原则，委托专业机构进行多样式设计，指导村民按规划设计进行住房建设。[①]

表3-2　规划编制的具体要求

内容	具体要求
县域村庄布局规划	要根据主体功能区规划的定位和长远发展取向，确定需要整体搬迁、撤并集中和保留提升的村庄，分年度明确实施的村庄、重点和步骤，牧区要确定实施游牧民定居点，基于此，统筹布局供水、道路、污水垃圾处理以及教育、医疗、文化、体育等公共服务设施建设，2014年底力争全省所有县市区完成村庄布局规划
村庄整治规划	要在县域村庄布局规划框架下，与土地利用总体规划、历史文化名村和传统村落保护规划以及地质灾害治理规划相衔接，对需要整治的村庄逐步编制规划，统筹安排水路房、公共服务、垃圾污水处理、产业发展、防灾减灾、环境绿化等项目
村民住房设计	要在村庄规划基础上，按照安全、适用、经济、美观的原则，委托专业机构进行多样式设计，指导村民按规划设计进行住房建设

《行动计划》基于乡村建设的普遍规律，阐述了推进甘肃美丽乡村建设的三个层次及其具体要求。第一个层次，在全省所有行政村普遍开展以通村道路、安全饮水、危房改造为重点的基础设施建设。第二个层次，开展以脏乱差治理、人畜分离、垃圾污水处理、村庄绿化为重点的万村整治工程治理。

---

① 中共甘肃省委　甘肃省人民政府关于改善农村人居环境的行动计划［EB/OL］.［2014-01-26］. http：//www. gansu. gov. cn/art/2014/1/26/art_4211_163367. html.

第三个层次，开展以公共服务便利、村容村貌洁美、田园风光怡人、生活富裕和谐为重点的“千村美丽”示范工程建设（见表3-3）。①

表3-3 甘肃省美丽乡村建设的三个层次

层次	内容	目标要求
第一个层次	在全省所有行政村普遍开展以通村道路、安全饮水、危房改造为重点的基础设施建设	通村道路：要按照先通行政村、逐步向自然村延伸的要求，加大实施农村畅通工程力度，到2018年实现所有行政村通水泥路或沥青路，有条件的地方可加快村内道路和重点产业区道路的建设硬化
		安全饮水：以自来水入户为目标，到2016年农村自来水入户率达到88%以上，2020年达到95%以上，除部分没有水源条件的地方外，基本做到自来水入户全覆盖
		农村危房改造：把实施农村危房改造工程同整村推进扶贫、易地扶贫搬迁、灾害避险搬迁、灾后重建以及村庄撤并有机结合起来，对每个贫困户的补助资金达到2万元以上，到2018年完成新改造100万户的任务，到2020年完成住无危房的目标
第二个层次	开展以脏乱差治理、人畜分离、垃圾污水处理、村庄绿化为重点的万村整治工程治理	治理农村脏乱差：重点治理柴草乱放、粪便乱堆、垃圾乱丢、废旧农膜乱飞、尾菜乱弃和乱搭乱建、乱贴乱画以及断壁残垣等突出问题，尤其要把道路两侧、库塘边缘、河沟渠道以及乡镇所在地和中心村作为重中之重进行治理。要把粪便处理和发展户用沼气结合起来，促进适宜地区沼气化。通过集中治理，形成柴草堆放有场所，垃圾粪便能处理，可利用资源能回收，厕所都改进，废弃房屋、残墙断壁全清除，达到村容整洁、院落干净
		推进人畜科学分离：村庄整治要突出抓好人畜分离和集中养殖区建设，区分人居相对分散和相对集中的不同情况，合理规划畜禽圈舍和养殖集中区，兼顾发展生产和卫生环境改善
		开展垃圾污水收集处理：结合实施农村环境连片整治项目，因城郊地区、乡镇所在地、水川地区、山区、水源地区、风景名胜区等不同，确定收集、集中、运送、处理的具体途径、模式和机制，使处理可持续
		加强村庄绿化：动员群众在房前屋后、道路两旁、村庄周围、田头地埂开展造林绿化，到2016年全省村庄绿化率达到35%以上，到2020年达到50%以上

① 中共甘肃省委 甘肃省人民政府关于改善农村人居环境的行动计划［EB/OL］.［2014-01-26］. http://www.gansu.gov.cn/art/2014/1/26/art_4211_163367.html.

续表

层次	内容	目标要求
第三个层次	开展以公共服务便利、村容村貌洁美、田园风光怡人、生活富裕和谐为重点的“千村美丽”示范工程建设	公共服务便利：示范村在全面改善安全饮水、村庄道路、村民住房、农村能源等基础设施的基础上，健全体育、卫生、文化、商业网点等公益设施，满足农民购物、休闲、娱乐、教育等日常需求
		村容村貌洁美：在环境卫生干净整洁的基础上，村庄建设结构合理，整体布局错落有致，房屋建筑特色明显，村落文化得到传承和保护，整体风貌与自然环境相协调
		田园风光怡人：促进传统农业转型升级，立足实际发展旅游观光、休闲体验为一体的农业，做到村庄建设与产业布局协调辉映，有条件的地方和重点旅游区要把每个示范村建成旅游景点
		生活富裕和谐：农民收入水平较高，物质生活富裕，文化生活丰富，邻里关系和谐，社会治安良好，乡风健康文明

《行动计划》最后强调要健全投入运行机制和组织领导。指出要把改善农村人居环境纳入公共财政的覆盖范围，建立稳定的投入增长机制，从2014年起省级财政每年预算安排1.5亿元专项资金，主要用于美丽乡村示范村建设的补助，市县财政要同比进行配套补助；要在利用国家开发银行贷款开展通村道路和安全饮水建设基础上，整合危房改造、以工代赈、小城镇建设、农村改厕、土地整理、农村环境连片整治、一事一议财政奖补、造林绿化等相关涉农项目资金，集中用于重点村环境治理和示范村建设；探索建立管护长效机制，鼓励各地积极探索自来水管理、道路养护、垃圾污水收集处理、村庄卫生保洁、矛盾纠纷化解的长效机制；健全领导机构，强化乡村两级组织动员，调动农民和社会各方面参与的积极性，加强督查考核。

（2）及时部署改善农村人居环境建设规划编制工作（2013年12月）。甘肃省委、省政府准确把握全国改善农村人居环境工作会议精神，积极落实“规划先行”的要求，为扎实推进全省改善农村人居环境工作，逐步建设美丽乡村，及时出台了《关于做好改善农村人居环境建设规划编制工作的指导意见》（甘办发〔2013〕106号）（以下简称《指导意见》），指出要“以科学发展观为统领，把农村人居环境改善作为推进城乡一体化的总抓手，按照

‘千村美丽、万村整洁、水路房全覆盖’的要求，统筹扶贫开发、新农村建设、小康示范村建设等重点工作，将基础设施、危房改造、产业发展、地质灾害治理等专项规划同美丽乡村建设总体规划有机衔接，坚持规划一批、实施一批，规划一次到位、实施分步推进的思路，加快村庄规划编制步伐，提高村庄规划编制质量，强化对规划的实施监管，充分发挥村庄规划在促进城乡一体发展、优化村庄空间布局、保护历史文化遗产和统筹配置空间资源等方面的引领作用”。

《指导意见》明确了“围绕到2020年所有行政村基本实现安全饮水、通村道路硬化、危房改造全覆盖，60%以上的村庄实现环境整洁，建成1000个以上‘美丽乡村’示范村的目标要求，坚持先规划后建设，在加快编制各类专项规划的同时，对‘美丽乡村’示范村进行深度规划，争取三年内完成1000个示范村的规划”的目标要求，提出要加快编制“县域村庄布局规划、村庄整治规划、房屋建筑设计”，并要求严格遵循“以县为主，省市指导；统筹兼顾，相互衔接；因地制宜，合理布局；以人为本，便民为民；尊重差异，突出特色”的原则。《指导意见》的出台为各地编制改善农村人居环境建设规划提供了指导和依据。

（3）提出甘肃改善农村人居环境工作的实施意见（2014年以来每年都制定）。为进一步强化责任，完善政策措施，细化工作办法，切实落实好《关于改善农村人居环境的行动计划》，省改善农村人居环境协调推进领导小组每年都提出甘肃改善农村人居环境的实施意见。2014年6月第一次制定的甘肃《关于改善农村人居环境行动计划的实施意见》（以下简称《实施意见》），明确了甘肃改革农村人居环境的总体目标、基本原则、工作任务、建设内容及工作保障等。

《实施意见》提出的总体目标是，2014年起全面启动和组织实施改善农村人居环境行动计划，有序稳步推进“千村美丽、万村整洁、水路房全覆盖”建设。每年争取建成150个以上的千村美丽示范村、1500个以上的万村整洁村，有条件的市县可选择条件好的村扩大建设范围，所有行政村普遍开展水路房等基础设施建设。同时提出，改善农村人居环境要坚持“实事求是、因村制宜，量力而行、循序渐进，城乡统筹、各具特色，突出主体、利民便民，抓铁留痕、持续推进”的原则。

《实施意见》指出，改善农村人居环境工作要把点上示范和面上扩展有机结合起来，将农村基础设施建设作为重点，以农村环境整洁为突破口，以建设美丽乡村为导向，有步骤分层次稳妥推进。具体建设内容主要有大力开展水电路等基础设施建设，加强万村整洁工程建设，推进千村美丽示范村建设，加快富民产业发展，丰富建设内涵，建立管护长效机制。主要工作任务有：一是科学编制规划（县域村庄布局规划、村庄整治规划和房屋建筑设计），因村制宜，量力而行，尊重农民意愿；二是制订建设实施方案，即各县市区制订本县“千村美丽、万村整洁、水路房全覆盖”总体实施方案，制订150个千村美丽示范村、1500个万村整洁村和水路房全覆盖的实施方案，明确建设内容、时限要求、产业发展、建设项目和资金来源，避免千村一面；三是加大资金投入力度，每个千村美丽示范村的财政奖补资金达到300万元，水路房等基础设施建设资金主要由县、乡通过整合项目解决，万村整洁建设资金主要由市、县、乡三级自筹解决，发挥一事一议财政奖补平台作用统筹整合涉农资金，鼓励引导工商资本和民间资金参与千村美丽示范村建设；四是加强项目建设和资金监管；五是加强调研督查，每年集中组织一到两次，现场了解建设规划、资金落实等进展情况，针对突出存在的问题提出建议。

此外《实施意见》还细化了保障机制，如要健全领导机构，构建“党政主导、农民主体、社会参与”“三位一体”的共建模式；加强协同配合，强化政策制定和统筹协调，建立健全相关部门联席会议制度，形成工作合力和政策的积聚效应；发挥群众主体作用，尊重群众意愿和首创精神，充分调动群众的积极性和主动性；营造良好环境，总结和发现好的做法经验、先进典型和有效模式，发挥示范引领作用，用实实在在的成绩增强建设美好家园的信心和自觉性；加强考核激励，水路房等基础设施建设由县协调推进领导小组考核，万村整洁由市州协调推进领导小组考核，千村美丽示范村考核由县协调推进领导小组自评、市州协调推进领导小组考核、省协调推进领导小组评价，省财政厅结合考核评价结果安排下一年度奖补资金。要建立考核验收办法，落实建设目标任务，凡确定的示范村必须当年内达到验收标准，建成省内一流的生态文明新农村“样板村”。

（4）制定甘肃改善农村人居环境“千村美丽”示范村建设标准（2014 年 6 月）。为有效推进甘肃省改善农村人居环境“千村美丽”示范村建设，明确建设目标，规范建设标准，确保建设质量，甘肃省改善农村人居环境协调推进领导小组办公室印发《甘肃省改善农村人居环境“千村美丽”示范村建设标准》（以下简称《建设标准》），确定了“千村美丽”总要求，以及定性定量的建设标准。《建设标准》提出，“千村美丽”示范村建设的总要求是以“村村优美、处处整洁、家家和谐、人人幸福”为总体目标，以“基础设施完善、公共服务便利、村容村貌洁美、田园风光怡人、富民产业发展、村风民风和谐”为基本内容，着力打造可憩可游、宜业宜居、美化亮化的农村人居环境，形成“一村一品”“一村一韵”“一村一景”的美丽乡村格局。

《建设标准》从六大方面提出了具体的定性和定量建设标准：一是基础设施完善。实施“四通（水、路、电、网）”工程，改善群众生产生活的基本条件。二是公共服务便利。教育文化、卫生体育和商业网点等公共服务健全，满足农民就医就学和娱乐购物等日常生活需求，活动有场所、学习有阵地、商业有网点、看病有保障、五保有供养。三是村容村貌洁美。大力推进“四改三治一保（改厕、改圈、改灶、改院、治弃、治污、治建、保古）”，创建干净整洁的农村人居环境。四是田园风光怡人。积极推动绿化、美化、亮化建设，实现村容村貌园林化、家庭院落精致化、特色文化景观化、生态旅游规模化，保护利用文化古迹，立足实际发展旅游观光、休闲体验为一体的新型农业，做到村庄建设与产业发展协调辉映，力争把每个示范村都建成旅游景点。五是富民产业发展。积极发展现代农牧业，大力培育特色富民产业，产业形态好、生产方式好、资源利用好、经营服务好，拓宽群众增收致富门路，既让农村美，更让农民富。六是村风民风和谐。修订务实管用的村规民约，宣传引导到位、纠纷调解到位、权益维护到位、安全保障到位，引导村民建立“民风朴实、文明和谐，崇尚科学、反对迷信，明礼诚信、尊老爱幼，勤劳节俭、奉献社会”的乡风民俗。为了保障“千村美丽”示范村建设，还制定了《省改善农村人居环境协调推进领导小组工作规则》和《省改善农村人居环境协调推进领导小组办公室及各成员单位工作职责》等配套文件，强化了组织领导，明确了责任要求，在统筹协调中有效推动了工作的落实。

3. 甘肃省美丽乡村建设的考核

为有效推进甘肃省改善农村人居环境“千村美丽”示范村建设，落实工作责任，完善激励机制，2014 年 10 月，甘肃省改善农村人居环境协调推进领导小组制定了《甘肃省改善农村人居环境“千村美丽”示范村考核验收办法》（以下简称《验收办法》），明确考核对象为有建设任务的县市区的“千村美丽”示范村。

《验收办法》指出，考核指标有两类：①对县市区主要考核组织保障、制度建设、规划编制、工作绩效、资金管理 5 方面 20 项指标；②对“千村美丽”示范村主要考核基础设施完善、公共服务便利、村容村貌洁美、田园风光怡人、富民产业发展、村风民风和谐 6 方面 64 项指标，如表 3-4 所示。考核成绩评定有两个层次：一是“千村美丽”示范村指标考核成绩评定；二是县市区综合成绩评定。“千村美丽”示范村指标考核成绩分为达标（90 分及以上）、不达标（90 分以下）两类。县市区综合成绩按县市区工作指标成绩×30%+“千村美丽”示范村指标成绩×70%计算，分为优秀（>95）、良好（>85 且<95）、一般（>75 且<85）、差（<75）4 个层次。

表 3-4　甘肃“千村美丽”示范村建设量化评分标准

类别	指标项目			指标分值（100）	
	项目	编号	具体指标	分计	合计
基础设施完善	水通	1	自来水覆盖率达 100%	2	4
		2	水质符合国家《生活饮用水卫生标准》	1	
		3	水量满足日常生活需求	1	
	路通	4	通村公路和村内主次干道铺设水泥路或沥青路	1	4
		5	入户道路全部硬化，满足人车出行需求	2	
		6	重点产业区道路满足生产需要	1	
	电通	7	村内家家户户通电	1	4
		8	主干道和公共场所安装路灯	2	
		9	电网建设安全美观	1	
	网通	10	电话、网络、有线电视“三网通”入户	2	2

续表

类别	指标项目			指标分值（100）	
	项目	编号	具体指标	分计	合计
公共服务便利	活动有场所	11	两委会办公场所建筑面积符合要求，办公设备齐全，便于开展工作	2	5
		12	村内建有集村民集会、文化娱乐、健身休闲、躲灾避险多功能于一体的文化体育广场，文体器材配套齐全	2	
		13	有专人管护，维护及时到位，公共设施损坏率低	1	
	学习有阵地	14	建有农家书屋，图书、杂志和电子刊物种类齐全，满足村民日常需求	1	6
		15	建有文化活动室，配备音乐、文化、体育器材且完好无损	1	
		16	建有村级幼儿园，食宿、教学和安全设施达到国家标准	2	
		17	农家书屋、文化活动室有专人管护，定期开放，综合使用效率高	1	
		18	幼儿园教学水平较高，本村内孩童入学率达到 90%以上	1	
	商业有网点	19	建有综合商贸服务中心，农资、日用品和农副产品种类齐全	1	5
		20	建有电子商务信息平台，村民可随时查询生产生活信息	1	
		21	建有金融、邮政和物流网点，满足村民日常需求	1	
		22	商业网点按规划和建设规范投建，商品价格公道、质量过关，村民放心满意	2	
	看病有保障	23	建有村卫生室，面积规模、卫生状况和医疗设施符合国家标准	1	3
		24	村内有 1~2 名乡村医生，具有较高医疗防疫水平	1	
		25	村民在本村就诊率高，常见病治愈率达到 80%以上	1	
	五保有供养	26	建有设施完善、安全整洁的福利养老院，并有专人负责看护	2	3
		27	五保户供养及时，保障政策落实到位	1	
村容村貌洁美	改厕	28	完成农村家庭无害化卫生厕所改造	1	3
		29	村内建有公厕，无露天粪坑和简易茅厕，定期进行防疫处理	2	

续表

类别	指标项目			指标分值（100）	
	项目	编号	具体指标	分计	合计
村容村貌洁美	改圈（舍）	30	人畜科学分离，圈舍干净整洁	2	3
		31	主导产业为养殖业的村庄，建有干净整洁的集中养殖区	1	
	改灶	32	农户使用以沼气、太阳能为主的农村清洁能源达到40%以上	2	3
		33	改气工程逐步推进	1	
	改院	34	村内没有农户住危房	2	4
		35	农户房屋精致，庭院美化漂亮	2	
	治弃	36	户分类、村收集、乡（镇）转运、县处理，有效解决垃圾污染问题	2	3
		37	无柴草乱堆、农机车辆乱停	1	
	治污	38	村内河塘沟渠得到综合治理，干净卫生	2	4
		39	村内建有排污管道或沟渠，实现水（雨）污分流	1	
		40	因地制宜建设污水处理设施，生活污水处理得当	1	
	治建	41	村内道路两侧、塘渠边缘以及乡镇所在地和中心村没有屋檐乱搭乱建的情况	2	3
		42	废弃房屋、残垣断壁全部清除	1	
	保古	43	古街道、古民居、古建筑、古树木和历史遗迹保护到位	1	3
		44	古迹得以保护性挖掘开发，形成具有一定规模的人文景观	2	
田园风光怡人	村容村貌园林化	45	植树造林力度大，村旁、水旁、路旁、宅旁等实现绿化基本覆盖，村庄绿化率达到35%以上	3	3
	家庭院落精致化	46	村内房屋布局错落有致，立面整洁美观，景色自然宜人，农户庭院通过小品配置，植物造景突出观赏效果	3	3
	特色文化景观化	47	传统文化、民间艺术和群众文化挖掘及时到位，形成别具特色的村落文化，推动旅游产业发展	2	2
	生态旅游规模化	48	生态农业和旅游业发展迅速，在本县领域内达到领先水平	3	3
富民产业发展	产业形态好	49	有1~2个主导产业，村民从主导产业中获得的收入占总收入的60%以上	2	4
		50	产业发展和农民收入增速在本县域内处于领先水平	2	

续表

类别	指标项目			指标分值（100）	
	项目	编号	具体指标	分计	合计
富民产业发展	生产方式好	51	规模化现代化种植养殖在本县域处于领先水平	2	4
		52	生产、贮运、加工到流通的产业链条基本完善	2	
	资源利用好	53	土地产出率、农业水资源利用率在本县域内处于领先水平	1	3
		54	地膜等农业废弃物回收率达到95%以上	1	
		55	秸秆综合利率达95%以上	1	
	经营服务好	56	农民合作社、农业企业和农技服务站点等经营性服务组织作用明显	1	3
		57	农业生产经营活动所需的政策、农资、科技、金融、市场信息等服务到位	2	
村风民风和谐	宣传引导到位	58	思想宣传到位，村民对党的路线、方针、政策和农村常用法律法规知晓率达到98%以上	2	2
	纠纷调解到位	59	文明村、户创建活动和感恩奋进教育经常开展	1	2
		60	村民矛盾纠纷化解及时，矛盾调处率达到98%以上	1	
	权益维护到位	61	村民自治机制完善，村务公开透明，村民对两委会班子满意率达到90%以上	2	2
		62	村民财产性权利和惠民政策落实得到保障，没有发生群体性事件	3	3
	安全保障到位	63	社会治安良好有序，刑事犯罪率低于全县平均水平	2	4
		64	防灾减灾措施得力，居民安全感强	2	

《验收办法》明确，考核验收实行分级负责制，按照县市区自查自评、市州复查考核和省考核评定的程序实施考核。县市区自查自评工作应于12月上旬完成。市州复查考核工作应于12月中旬完成。省考核评定工作由省改善农村人居环境协调推进领导小组办公室抽调成员单位混合编队组成考核组，于次年1月中旬完成。考核结果整体纳入市州、县市区“三农”工作考核内容，与奖补资金、项目安排挂钩。综合考核成绩评定为优秀等次的县市区和各项成绩突出的市州优先增加示范村名额；综合考核成绩评定等次为差的县市区，视情况扣减省级奖补资金或减少下年度示范村名额，情节严重的将给予通报

批评，并追究相关责任人的责任。

2014年甘肃省“千村美丽”示范村考核验收达标146个，基本达标3个，不达标1个；县市区综合成绩评定中有21个县区获得优秀，62个县区获得良好，2个县区获得一般。

2015年甘肃省“千村美丽”示范村考核验收达标150个，县市区综合成绩评定中有27个县区获得优秀，56个县区获得良好。

2016年甘肃省“千村美丽”示范村考核验收达标198个，县市区综合成绩评定中有28个县区获得优秀，58个县区获得良好。

二、甘肃省美丽乡村建设的主要成效

甘肃省委、省政府高度重视美丽乡村建设，2013年启动“千村美丽、万村整洁、水路房全覆盖”的专项行动，出台了一系列配套支持政策，周密细致地制定年度实施意见，有效组织美丽乡村建设培训，加强现场调研、实地督查和跟踪落实，及时分阶段组织现场推进会，在交流分享中促成美丽乡村建设好经验好做法的互相借鉴，在具体实践中取得了实效，得到了中央领导的高度评价，也得到了基层干部群众的普遍欢迎和赞誉，摸索出符合甘肃省省情的美丽乡村建设新路。截至2017年6月，先后总结推广金昌市美丽乡村建设暨城乡融合发展、康县乡村旅游、清水县新居建设、两当县红色文化、崇信县绿色发展等一批值得学习借鉴的典型案例和成功经验，全省已累计打造出500个省级“千村美丽”示范村，895个市县级示范村，5461个“万村整洁”村，美丽乡村开始连线成片发展，已成为推动甘肃县域经济发展，加快建设特色小镇的重要平台和有效抓手。

1. 产业发展，享有富足之美

（1）美丽乡村建设的根基是产业发展，核心是使群众增收致富。古代墨子曰：“食必常饱，然后求美；衣必常暖，然后求丽；居必常安，然后求乐”，因此培育壮大增收致富产业，形成农民持续稳定增收的长效机制，才能使美丽乡村建设有可靠的物质保障。近年来，甘肃省美丽乡村建设因地制宜，立足自身特色优势培育发展多元致富增收产业，按照市场规律和市场需求，推进农业供给侧结构性改革，坚持在绿色发展中转变发展方式，不断提升农业经济质量效益，在实践中走出了欠发达省份依靠发展产业带动美丽乡村建设的新路。目前，甘肃已成为全国重要的高原夏菜基地，草食畜牧业基地，优质苹果、中药材、现代种业核心基地和啤酒大麦生产基地。全省特色优势产业面积达3100多万亩，占农作物播种面积的60%，农民从事特色优势产业的纯收入占农业收入的70%。全省马铃薯种植面积与产量均居全国第2位，玉米制种面积和产量均居全国第1位，苹果种植面积居全国第2位，产量居全国第5位；中药材人工药材种植面积和产量居全国第1位，人工种草面积居全国第2位，成为美丽乡村建设重要的产业支撑力。①

（2）因地制宜规划特色优势产业发展。在甘肃省美丽乡村建设中，按照“因地制宜、发挥优势，区域互补、突出特色，分类指导、梯度推进，产业带动、提高效益”的原则，根据地方资源禀赋、产业基础、市场空间和环境容量等，将富民产业发展规划为六盘山、秦巴山和藏区三个片区，因地制宜合理确定特色优势产业发展的方向、重点和规模，特别是针对蔬菜、林果、畜牧、中药材等特色优势产业布局与发展专题讨论优化思路，积极调整全省美丽乡村富民产业区域布局和专业化生产格局，“一村一品”“一村一业”局面更加巩固。政府不影响企业决策，而是通过政策支持、完善机制、提供高效服务等，全心为产业发展解难题，推动美丽乡村建设与产业发展有机结合。同时，依据《启动六大行动促进农民增收的实施意见》和《关于深入推进“365”现代农业发展行动计划着力实施“十百千万”工程的意见》等，按照“一个产业制订一个规划，制定一个扶持办法，设立一笔专项资金”的原则，先后出台草食畜牧业、中药材、马铃薯、苹果、蔬菜产业和龙头企业6个扶持办法，从制约产业的关键环节抓起，扶持产业基地和龙头企业，支持产能扩大和技术创新，有力地推动了优势产业发展。目前，已涌现出了陇东苹果、肉牛，定西马铃薯、中药材，河西制种、草食畜等特色产业产加销一体化的典型，成为甘肃特色产业带动美丽乡村建设的新亮点。

① 邓生菊，陈炜．乡村振兴与甘肃美丽乡村建设［J］．开发研究，2018（5）：98-103.

（3）坚持农业产业化、标准化、规模化发展。现代农业客观上要求农业走产业化、标准化、规模化的发展道路。甘肃省在美丽乡村建设中积极培育家庭农牧场、专业大户、龙头企业、专业合作社等新型经营主体，坚持把农业产业化龙头企业作为特色产业提质增效和美丽乡村建设的关键环节和支撑，充分发挥以龙头企业为主的各类新型经营主体的示范带动作用，以市场为导向，以扶持“十大龙头企业”发展壮大为载体，集中培育行业领军企业，龙头企业的结构布局、产业规模、技术工艺、品牌质量等不断升级。截至2016年上半年，全省农业产业化龙头企业达到2783个，固定资产533亿元，销售收入10亿元以上的龙头企业6个，1亿元以上的龙头企业106个；国家级重点龙头企业27家，省级重点龙头企业405家，市级重点龙头企业946家，上市龙头企业7家。在美丽乡村建设中，发展特色优势产业，加强标准化示范园建设，走规模化、科技化、机械化、品牌化发展之路，扩大产业规模，延伸产业链条，提高农产品的质量安全和市场竞争力，各地培育出一批有比较优势的特色种植、养殖业，催生了电商、乡村旅游、观光农业等新型业态，农业由过去单一的种植养殖业向第一、二、三产业融合发展转变，农业生产动力和活力不断激发。目前，农产品加工业已发展到从数量扩张向数量质量效益并重的阶段，农产品贸易也由“互联网+”走向了更广阔的市场，农业提质增效和农民增收致富又迈进了一步，美丽乡村建设有了更加坚实的基础。

（4）全面深化农村综合改革。在尊重农民意愿的前提下，增强美丽乡村建设的制度根基，稳步推进农村土地制度改革，加快土地确权、登记、颁证，为实现农村土地所有权、承包权、经营权“三权”分立、为让农民从承包地中得到更多的收入创造条件。按照“土地适度规模经营、做大农业主导产业”的思路，引导和鼓励农民依法有序地以入股、转包、出租、互换等形式流转土地经营权，积极发展多种形式的适度规模经营。分类推进农村集体资产确权到户和股份合作制改革，全面核实农村集体资产，确认农村集体经济组织成员身份，做好土地承包经营确权登记颁证；对于经营性资产，要将资产折股量化到本集体经济组织成员，使农民对集体资产有更多权能，发展多种股份合作形式；对非经营性资产，要探索形成有助于提高公共服务能力的集体统一运营管理有效机制。①

（5）着力增加农业投入。甘肃省切实加大对美丽乡村建设的产业发展投入，省级财政在增加特色富民产业扶持资金的同时，重点整合相关部门资金形成合力，主要投向具备发展优势的产业，以及具有引领带动作用的龙头企业，已初步形成了以财政投入为引导、以信贷投入为依托、以重点龙头企业投入为主体、以带动社会资本投入为补充的多元化投入机制。采取以奖代补的办法，大力发展农产品产地初加工，改进农产品贮藏、保鲜、干燥设施和方法，降低农产品产后损失。在财政、税收、融资、保险等方面加强政策创新，将产业发展与美丽乡村中的农户紧密衔接起来，通过股份制、股份合作制、土地托管、订单帮扶等多种形式，建立农户与企业之间更紧密的利益联结机制，让农户更多分享产业发展收益。鼓励金融机构创新符合美丽乡村产业发展特点的金融产品和服务方式，引导地方法人金融机构贷款支持美丽乡村发展特色产业和农民就业创业。以财政补助为引导，以金融支持为主体，以税收政策为杠杆，利用财政资金撬动金融资本和社会资本，积极引导和带动社会资本投入农业产业发展，促进美丽乡村建设。

（6）传统特色产业发展壮大。甘肃省在美丽乡村建设中，着力把培育富民增收产业作为提高农民收入的突破口，从战略性主导产业、区域性优势产业和地方性特色产业三个方面推进特色优势农业发展，把蔬菜、草食畜牧业、中药材、马铃薯、苹果、现代制种“六大产业”作为推动农民增收致富的支柱性产业强力推进发展。①蔬菜产业：全省蔬菜种植面积达790万亩，总产量达1823万吨，其中，高原夏菜面积达548万亩，产量1141万吨，设施蔬菜面积242万亩。全省以甘蓝、花椰菜、西兰花、娃娃菜、西葫芦、百合等为主的20多个门类、200多个品种的高原夏菜通过东南沿海及丝绸之路经济带进入东南亚及中亚国家，外销量达到600多万吨，成为甘肃省蔬菜“走出去”的名片。全省已建成有一定规模的蔬菜精深加工企业394家，年加工各类蔬菜258万吨，实现产值38亿元，蔬菜保鲜储藏能力达到150万吨以上。②草食畜牧业：2015年全省牛、羊、猪、禽存栏分别为517.53万头、2096.73万

---

① 郭虹．以创新理念推动农村经济转型发展——基于平凉市农业农村发展状况的思考［J］．甘肃农业，2018（1）．

只、666.06 万头和 3898.1 万只。肉蛋奶总产量超过 172.14 万吨，居全国第 23 位，其中牛肉产量 20.14 万吨，居全国第 14 位；羊肉产量 21.16 万吨，居全国第 7 位；禽蛋产量 11.69 万吨，居全国第 26 位；牛奶产量 59.9 万吨，居全国第 17 位；猪肉产量 52.75 万吨，居全国第 23 位。全省规模化养殖比重达到 50%以上，畜牧业增加值达到 200 亿元，同比增长 10.2%，已成为全国重要的优质牛羊肉生产基地，草食畜牧业大省的地位初步确立。③马铃薯产业：2015 年全省马铃薯种植面积 1023 万亩，产鲜薯 1197 万吨，面积产量均居全国第二，脱毒一级种薯推广面积达到 622.5 万亩，占总推广面积的 65%以上。全省已形成中部高淀粉及菜用型，河西及沿黄灌区全粉、薯条（片）加工型，陇南、天水早熟型和高海拔区脱毒种薯生产四大优势生产区域。全省先后培育出在国内处于先进水平的陇薯、甘农薯、庄薯、武薯、天薯和临薯六大系列 50 多个新品种（系），陇薯 3 号等品种淀粉含量 20%～24%，在全国领先。每年销往省外国内市场的鲜薯 300 多万吨，占鲜薯总产量的 30%，销售基础种薯原种 4 亿粒以上，原种 2 万多吨。④中药材产业：全省中药材种植面积 403 万亩，产量约 108 万吨。主产区定西和陇南两市达到 200 万亩以上。全省有 20 多个县（区）常年种植在 5 万亩以上。全省有 8 处中药材种植基地获得国家 GAP 认定；7 个基地通过农业部无公害基地认证。岷县当归，渭源白条党参，陇西黄芪、白条党参，礼县铨水大黄，西和半夏等 18 个地道中药材获得国家原产地标志认证。全省当归、党参、黄芪、甘草、大黄、柴胡、板蓝根、枸杞、黄芩、冬花“十大陇药”种植面积约 300 万亩，占全省中药材种植总面积的 77%。[①] 甘肃人工种植中药材面积和产量多年居于全国前列，其中当归约占全国的 70%，党参占 60%，黄芪占 50%，柴胡占 40%，板蓝根占 50%，甘草占 25%，大黄占 60%，枸杞占 20%。⑤林果产业：2015 年全省苹果种植面积突破 500 万亩，稳居全国第二位，总产量 360 万吨。平凉、庆阳、天水、陇南 4 市苹果种植面积连年稳步增长，全省苹果生产呈现由南向北逐步推进、由中低海拔向较高海拔区域拓展的新趋势。全省现有苹果浓缩果汁加工企业 7 家，年原料果处理能力 100 万吨，产品 90%以上出口，效益较为

---

① 中医药文化和健康产业发展情况发布会［EB/OL］.［2016-08-09］. http://fbh.gscn.com.cn/system/2016/08/09/011449962_01.shtml.

显著。2015年底全省经济林果总产量达1050万吨，总产值达247亿元。⑥制种业：甘肃省已发展成为全国最大的杂交玉米制种、马铃薯脱毒种薯生产和全国重要的蔬菜、花卉种子生产基地。2015年全省杂交玉米制种产种量5.3亿公斤，占全国玉米制种总产量的48.3%，位居全国第一。蔬菜花卉产种量达到3185万公斤。脱毒种薯产原种8亿粒以上。⑦休闲农业：把美丽乡村的生态宜居优势转化为发展优势和增收致富优势，全省共创建6个全国休闲农业示范县、17个全国示范点、1条中国休闲农业与乡村旅游十佳精品线路、1家全国4星级休闲农业示范企业、6个中国最美休闲乡村、7项农事景观入选中国美丽田园。组织全省参加了两届全国休闲农业创意精品推介活动，获各类国家级奖项58个，其中金奖11个、银奖20个、优秀奖27个。2015年底全省休闲农业经营主体（含农家乐、农业示范园区、休闲农庄、专业村、民俗村等）9024家，总资产500.5亿元，营业收入26.36亿元，占用土地27.28万亩，接待人数3012万人次，农民就业9.36万人，带动农户11.91万户。在产业发展的同时，做好大宗农产品市场监测预警与研判，及时发布市场供求和价格变化信息，通过电商平台、农产品交易会等加大特色优势产业市场营销，促进线上线下销售，为美丽乡村注入新的发展动力。截至2015年底，全省美丽乡村示范村基本形成了自己的特色优势产业，产业收入成为农民增收致富的主要来源。

2. 民生改善，感受生活之美

随着我国城镇化进程的加速推进，农村人口老龄化、社会空心化、农业化学化、农民兼业化等带来的问题也越来越突出。农村留不住人的原因很多，但生活品质比不上城市，公共服务不足、生活不方便，特别是不能满足现代人的生活需求，也是导致很多人特别是年轻人不愿意回到农村的重要原因。要使农村人口“回得来”“留得下”“稳得住”，就必须建设好美丽乡村，从提高农村宜居环境和农民生活满意度切入，进一步加强水、电、路、房、网等基础设施建设，加快推进城乡公共服务均等化水平，完善基础设施管护机制，提升社会公共服务能力，形成宜居宜业的发展环境，更好地吸引人和留住人。

（1）着力改善农民生产生活条件。近年来，甘肃省在美丽乡村建设中，把保障农村居民饮水安全、住房安全和出行安全通畅作为改善农村人居环境的最基本要求。在建设通村道路方面，与扶贫攻坚目标要求和重点项目相衔接，按照先通行政村，再逐步向自然村拓展延伸的要求，加紧实施农村道路畅通工程，具备条件的地方加快村内道路和重点产业区的道路硬化，乡村道路建设不断完善，道路建设质量明显提高。在实现乡村饮水安全方面，以自来水入户为目标，全力巩固和实施好农村饮水安全工程，“千村美丽”示范村基本做到自来水入户全覆盖。在改造农村危旧房方面，加强与生态搬迁、扶贫搬迁、灾后重建、灾害避险搬迁，以及村庄撤并等的统筹安排和有机结合，群众住房条件显著改善。新建住房安全实用美观，符合农民生产生活的特点和需求，房屋错落有致，色彩协调有序，具有明显的地方特色和乡土风情。坚持基础设施“建管并重”，推行“村内事、村民定、村民建、村民管”的做法，建立管护长效机制，全省美丽乡村建设持续推进。截至 2016 年 8 月，全省 82%的建制村都通了沥青路，80%的农民饮用到了自来水，所有自然村通上了动力电，5 年内大约有 100 万户危旧房屋得到改造。①

（2）着力完善乡村公共服务体系。在建设美丽乡村的过程中，坚持让农民共享改革发展成果，全面改善和提升农村公共服务和民生保障水平，努力优化农村人居环境，提升农民生活品质。以满足农民日常生产生活需要为关键点，全面优化农村基本公共服务供给，不断加快教育文化、医疗卫生、日间照料中心、商业网点等公共资源和公共服务向农村倾斜和延伸，不断提高城乡公共服务均等化水平，使越来越多的村民学习有条件、看病有保障、年老有照应、购物有网点。加快建设“乡村舞台”“文化集市”“三馆一站”和电子信息等文化设施，建立健全农村留守人口关爱服务体系，大批乡村有了学习阵地和活动场所。近 5 年新建村幼儿园 3400 所、乡村舞台 14000 多个、标准化村卫生室 5500 多所。截至 2016 年 8 月，全省农村义务教育巩固率达到 87%以上，新农合参合率巩固在 95%以上，农民群众有了更多的幸福感和获得感。②

3. 环境优化，彰显生态之美

习近平总书记指出：“人山水林田湖是一个生命共同体，人的命脉在田，

①② 邓生菊，陈炜．乡村振兴与甘肃美丽乡村建设［J］．开发研究，2018（5）：98-103.

田的命脉在水，水的命脉在山，山的命脉在土，土的命脉在树。”近年来，甘肃省推进美丽乡村建设牢固树立绿色发展理念，依托实施天然林保护、三北防护林、退耕还林等国家重点林业工程，紧紧围绕“村屯绿化、庭院绿化、农田林网绿化、沿路沿河沿渠绿化”，以“千村美丽、万村整洁”为主要内容，通过做好“护”“修”“治”处理好生态与发展之间的矛盾，有效开展了农村人居环境改善行动。“护”就是尽最大可能不填塘、不推山、不砍树，尽量顺水造景、依山造势，有效保护以山、水、林、田、湖、草等自然资源为内容的生态环境；“修”就是疏浚河塘沟渠，加强小流域治理，修复农村自然生态湿地，恢复过去发展工业造成的山体和地表破坏，大力开展绿化造林等，有效修复了农村原生态自然环境；“治”就是综合整治各类环境污染，解决好污水垃圾及特殊废弃物的处理问题，创建干净整洁安全环保的卫生环境，自然生态不断修复，农村人居环境持续改善，使乡村呈现“村外有林环绕、村内绿地成景、庭院花果飘香”的新景象。

（1）开展环境卫生整治行动。为了解决城乡环境脏乱差的问题，提高城乡居民的卫生意识、健康素养和生活质量，明显改善农村人居环境，建好“美丽乡村”，2010 年和 2015 年甘肃省卫计委先后两次印发《甘肃省城乡环境卫生整洁行动实施方案》，对整治行动的任务时限与责任分工提出明确要求，各市州也分别制订了符合当地实际的城乡环境卫生整治行动实施方案，形成了层层抓落实的工作机制。全省各地充分利用各种节会和大型集会等宣传机会，发放文字和音像资料，大力宣传整洁行动的意义和目的，提高了群众的参与意识、卫生意识和环保意识。以“脏乱差治理、人畜分离、垃圾污水处理、建筑材料和生活生产资料有序堆放”为重点，以“四改（改厕、改圈、改灶、改院）三治（治乱弃、治乱排、治乱建）”为中心任务，突出重点，优先在县城和重点乡镇周围、交通沿线、旅游风景区选择重点村开展环境整治，积极实施清洁家园、清洁田园、清洁水源工程，统筹安排晾晒场、仓储房、废弃物收集处理等设施，引导养殖业向养殖小区集中，加快沼气建设，减少污染物排放，加强对农村群众的教育和管理，引导他们自觉养成文明习惯，自觉自愿建设美丽乡村。截至 2017 年 6 月，已建成“万村整洁”村 5461 个，农村环境面貌大为改观。开展整治违法排污企业专项行动，加强农村饮用水源保护区的环境监管，关停“十五小”和“新五小”企业，取缔水源地排污口，保障农村饮水安全，在46个项目点解决生活污水、生活垃圾和畜禽养殖污染问题，保障了人畜饮水安全。以村社为重点，对房前屋后、公共场所等地的积存垃圾、卫生死角、堆物废料进行大清扫、大清理、大清运，以“户有垃圾存放桶、村有垃圾收集站、镇有垃圾中转站；无暴露垃圾、无卫生死角、无乱堆乱放”为目标，积极尝试建立县乡财政补助、村级集体补贴、住户适量付费的公共设施管护和村容整洁长效机制，截至2016年8月，全省已治理行政村1142个，农村垃圾基本实现了集中收集和处理，初步探索出一条发展与环境相协调的城乡一体化建设新路。积极实施农村厕改，截至2016年8月，全省农村卫生厕所普及率达到75%。以公路为重点，强化铁路、公路沿线环境卫生设施建设和绿化美化工作。积极引导群众自觉参与村庄卫生整治和环境保护，共同创造干净整洁的村庄人居环境。

（2）加强农业面源污染防治。在全省美丽乡村建设中，扎实落实“一控（农业用水总量和农业水环境污染）两减（化肥、农药）三基本（畜禽粪污、农膜、农作物秸秆）”的要求：为了实现农业生产的节水增效，推广以膜下滴灌、垄膜沟灌和水肥一体化为重点内容的农田高效节水技术。加强工程节水、农艺节水和管理节水相结合，农机农艺相配套，水资源消耗明显减少，水资源效益明显提高。截至2016年8月，全省河西、沿（引）黄及东部三大灌区46个县区推广高效农田节水技术面积1018万亩（其中膜下滴灌250万亩、垄膜沟灌768万亩）。为了降低因盲目过量使用化肥、农药对地力的严重损害，同时也减少农产品农药残留量，为人们提供绿色生态和健康安全的农产品，全力实施好农药零增长行动。一方面，积极推广应用高效、低毒、低残留农药、生物农药及新型施药器械，最大限度减少农药的使用量，目前全省农作物病虫害防治面积已经达到了689.9万亩次；另一方面，推广耕地测土配方施肥技术，建立不同作物、不同土壤类型配方施肥模型，进行科学精准施肥，更好地适应了农作物生长对化肥的实际需要，提高了化肥使用效率，更使土壤和农作物适时适度地得到了必需的营养。截至2016年8月，全省79个项目县测土配方施肥技术面积3698万亩。实行农业清洁生产，加强畜禽养殖标准化、规模化、产业化建设，积极推广“种植—养殖—沼气（沼液、沼渣）—种植”废弃物循环综合利用模式，因地制宜地推广堆肥发酵、沼气能源利用、有机肥生产等畜禽粪污综合处理利用技术，减少养殖业环境污染。截至2016年8月，全省累计建成农村户用沼气池121万户、养殖小区和联户沼气工程375处、大中型沼气工程126处，年处理畜禽粪便、果蔬废弃物等1800万吨，年产沼气1.2亿立方米，450多万农村人口因此受益。大力推行标准化生产，全省累计发布地方标准1800余项，其中绿色无公害等农产品地方标准600多项，初步形成了覆盖全省大宗特色优势农产品地方农业标准体系，累计创建国家级农业标准化示范县15个、省级农业标准化示范基地60多个，认证无公害、有机、绿色和地理标志农产品近1100个。贯彻落实《甘肃省废旧农膜回收利用条例》，有效实施好废旧农膜回收利用以奖代补政策，投资建设了省级废旧农膜回收和尾菜处理利用示范区。2016年上半年，全省回收废旧农膜约6万吨，处理利用尾菜约190万吨。加大农作物秸秆综合利用技术的研发推广和集成组装，积极推广秸秆饲料化利用技术，加强秸秆青贮氨化窖池、储草库建设，积极培育秸秆饲料化，利用新型经营主体，推动产业化生产和规模化经营。2016年上半年全省农作物秸秆综合利用量达1240万吨。

（3）推进乡村的绿化美化。在尊重自然之美、保护原生态风貌的前提下，加快美丽乡村建设，充分依托和有效利用现有森林、牧场、河道、农田等生态元素，就地取材形成特色景观，彰显山清水秀、鸟语花香的田园风貌，让乡村融入美丽的自然风光之中，展现人与自然和谐相处的美好画卷。对村镇土地利用和林业发展现状进行全面调查，并立足经济社会发展水平和村镇分布实际，按照“统筹谋划，彰显特色优势，实现林业生态效益、社会效益和经济效益最大化”的总体要求，科学编制县域村镇绿化总体规划和具体村镇绿化方案，合理确定绿化用地布局和规模，明确近、远期建设目标，做到山水田林路综合规划，新老村镇统筹兼顾，村内村外整体考虑，优先在村庄周围、房前屋后、村道两旁种树植绿，营造美丽宜居的家庭小环境和整个村庄的大环境，初步实现了“一村一韵，一村一景”。比如，张掖要求各县因地制宜制订村庄绿化方案，零散地块要见缝插绿；村外要实施路、河、渠旁全面绿化；绕村要建环村林带；对村部、学校、小绿地、小公园等地要以景观建设为重点，实施园林式绿化及道路两旁重点绿化，由于规划科学、落实到位，使乡村生态环境持续优化，绿树葱郁，花团锦簇，人居环境显著改善。陇南市采取“常绿树锁边、经济林建园”模式，在西和县姜席镇谢庄、姬窑、姜窑等10个村集中连片实施退耕还林5000亩，建成了晚霞湖万亩绿化示范基地，区域生态正在逐步改善。金昌市、武威市和嘉峪关市针对本地区戈壁砾石不宜保水保墒的特点，采取客土栽植、铺沙压碱等技术措施，改善了树木萌发新根土层的理化性，确保了树木的成活率，改善了生态环境。

4. 记住乡愁，承载文化之美

建设“看得见山、望得见水、记得住乡愁”的美好家园，其中的“乡愁”实际是一种蕴含乡情乡音的文化。甘肃省坚持把美丽乡村建设与凝聚乡愁融合起来，有效整合基层党员教育、宣传文化、体育健身、科学普及等场所、设施和活动，积极建设群众综合性文化服务中心，以“乡村舞台”建设为抓手，整合基层行政村现有党员活动、宣传培训、电影放映、农家书屋、文体健身、科普教育等方面的项目、资金、人才、设施等资源，盘活乡村文化设施存量，推动文化惠民项目与群众精神文化生活需求的对接，丰富了群众的精神生活，提升了农民的文化素养，乡村文化品位不断提升。截至2016年7月底，全省各级部门采取“财政支持一点、项目安排一点、社会筹措一点、个人集资一点”的办法，共投入资金27亿多元，建成了集“宣传文化、党员教育、电影放映、体育健身、科学普及”于一体的“乡村舞台”共14005个，完成了443个乡镇文化站达标建设任务。

（1）乡村舞台突显美丽乡村新特色。美丽乡村不仅是古村落、古遗址、古建筑和古树名木等物质文化遗产的承载地和保护地，还应是农耕文化、民俗文化、传统技艺、民间歌谣、神话传说、戏曲舞蹈等非物质文化遗产的传承创新地，保护和传承历史文化遗产是建设美丽乡村的应有之义，它是美丽乡村具有持久活力、独特魅力和强大吸引力的软实力所在。在美丽乡村建设中，甘肃省各地依据《全省乡村舞台建设方案》和《甘肃省乡村舞台建设管理细则》，因地制宜，突出特色，围绕传承优秀传统文化，保留和突出传统村落原有的特色资源，不仅强调物质层面的空间设计和布局，而且与生态文化和民风民俗相嫁接，将农耕、饮食、孝廉、书画、养生等文化融入美丽乡村建设之中，促进民俗、文化、艺术等非物质文化遗产的活态传承，显著提升了美丽乡村建设的内涵和品质。乡村建设中各地还千方百计发挥优秀传统文化的时代价值，搭建适应当地群众思想文化生活的良好平台，有效提升了老百姓的精神生活品质，真正使美丽乡村成为广大农民的精神家园。比如，陇南市文县重点打造白马风情、琵琶弹唱、玉垒花灯戏、洋汤号子四大文化品牌，建立了 20 个具有浓郁民族风情和民俗特色的民间自办文化社团，深受村民们的喜爱和欢迎；甘南州紧密结合地域和民族特征，把“乡村舞台”建设同社会主义新农牧村建设相结合，突出了藏区文化特色，适应了当地农民精神文化需求；酒泉市肃北县、阿克塞县突出草原文化，组建了 40 多个牧民“乌兰牧骑”（群众文化演出队），丰富了牧民文化生活内容；陇南市康县大水沟村整合各类涉农项目资金 520 余万元，群众自筹 1100 余万元，按照建设生态旅游名村的思路与目标，挖掘保护和传承创新优秀传统文化，使濒临失传的乡土文化有了新的传承人，再次焕发出新的活力。

（2）乡村舞台增强公共服务综合功能。“乡村舞台”建设优化升级了党员教育、宣传文化、新闻出版、科技普及、体育健身等设施和场所，在农村基层建成了集“思想宣传教育、文化知识传播、文体娱乐活动、民俗文化传承创新、法制科教普及”等功能于一体的文化综合服务平台。同时，“乡村舞台”建设与扶贫攻坚、美丽乡村建设、产业结构调整、文化旅游和村容村貌环境整治等有机结合起来，利用“乡村舞台”孵化产业，帮助农民畅通信息渠道，通过“互联网+”开展电子商务，为农村老百姓发家致富提供了新平台。比如，康县王坝镇廖家院村全面实施文化信息共享、文化小广场、文化大院等文化惠民工程，建立集卫生室、文化室、司法宣传室、科普室、电子商务室、村史馆于一体的村民公共服务中心和乡村戏楼，完善体育设施，保护传承民间民俗文化，挖掘培育非遗传承人，经常开展各类文化体育活动，同时，依托乡村舞台弘扬农村先进文化和社会主义核心价值观，以农民喜闻乐见的形式组织开展思想教育、理论宣传、道德讲堂、科技普及、文化传承、树家风家训等活动，不但以健康的文化生活丰富了群众的业余时间，群众精神文明面貌焕然一新，而且弘扬了新风正气，培育了文明乡风，促进了社会的文明和谐，使廖家院村成为周边 5 个村的政治文化中心。

5. 社会和谐，创建文明之美

文明昌盛，精神永恒，才能彰显乡村的灵魂。甘肃省美丽乡村建设始终坚持提升物质生活水平与建设精神文明“两手抓、两手都要硬”，在绿化、美化、亮化、净化村容村貌，着力提升农民物质生活水平的同时，更加注重精神文明建设，使美丽乡村建设丰富了内涵，塑造了灵魂。

（1）积极发掘和宣传好做法好经验。各地切实把美丽乡村建设与推进农村综合治理、创建农村精神文明等有机结合起来，不断拓展丰富美丽乡村的外延和内涵，增强美丽乡村建设的持续动力。组织开展卫生管理评比、环境治理达标、精神文明创建、道德模范评选等活动，原甘肃省新闻出版广电局组织省主流媒体播放改善农村人居环境和美丽乡村建设相关新闻资讯，以正面典型扩大社会影响，提振干部群众信心，增强农民群众建设美丽乡村的积极性和自觉性，形成共同建设美丽家园、爱护公共设施、保护人居环境、改变生活习惯的良好氛围。凉州区设立《环境卫生红黑榜》，对乡镇环境卫生整治工作进行公开表扬或曝光。甘州区、庆城县等地强化宣传教育，引导和动员广大群众增强“自己的家园自己建，自己的事情自己办”的积极性。

（2）增强农民群众文明素养和法制意识。发挥文化广场、文化活动室、表演训练、文化休闲、健身运动等的功能，积极组织开展各种健康有益的群众性文化活动，引导农村形成“民风朴实、文明和谐，崇尚科学、反对迷信，明礼诚信、尊老爱幼，勤劳节俭、奉献社会”的良好风尚，不断增强农民群众团结友善、自强不息、文明有礼、谦恭可信、节俭奉献的意识，不断增强社会文明和谐程度。组织开展“法律服务直通车”“送法下乡”“法律进农村”等法律服务活动，加强道德法治宣传教育，及时化解群众矛盾纠纷，促进邻里和睦，民风淳朴，村风文明。嘉峪关市等地开展“优美庭院”“五星级文明户”“寻找最美家庭”等创建活动，村民文明素质进一步提高。武都区、永靖县等地制定完善《乡规民约》《村规民约》等制度，增强了农民法制观念。甘谷县积极搭建群众诉求平台，建成县、乡、村三级社会服务管理中心（站），拓宽诉求渠道。凉州区加强社区服务管理，建立以社区党组织为核心、群众自治组织为主体、社会组织为补充的管理服务体系。

（3）强化基层党组织的战斗堡垒作用。坚持以社会主义核心价值观为指导，加强农村基层组织建设，加强对农村党员的管理教育，真正打造素质过硬、群众信服的基层党组织和村干部“带头人”。推进村务公开民主管理工作，实现县有政务大厅、乡有便民服务大厅、村有代办室的三级服务网络，提高为民服务质量。建立健全村民公认和可行有效的村规民约，以制度建设规范和约束村民的言行举止，维护乡村稳定的社会秩序，树立和弘扬乡村新风正气，积极依靠广大群众，实行村内事村民定村民管，依靠落实村民自治和民主管理的要求，把群众的积极性和创造性充分激发出来，使大家能够自觉主动建设美好家园，维护和谐关系，构建文明乡风，不断增强美丽乡村建设的内在动力。①

目前，甘肃省美丽乡村建设已经取得显著成效，一些市县在改善农村人居环境中注重以美丽乡村示范村为主要基点，连点成线、连线扩面，着力辐射周边区域，形成了一批有特色、有亮点、有示范效应的美丽乡村示范带。如宁县将美丽乡村建设与产业带建设紧密结合，整流域、整川区全面布局苹果产业、设施蔬菜、采摘体验和乡村休闲旅游为一体的美丽乡村示范带，着力打造特色美丽乡村品牌。康县从建设全县大旅游景区的目标出发，不断总结省级示范村建设经验，进一步深化和拓展美丽乡村覆盖区域，扩点及面、由村及县，已经建成生态旅游型、古村修复型、产业培育型、环境改善型、文化服务型等不同类型的美丽乡村 236 个，覆盖了全县 2/3 的村庄，3.4 万户群众实现了生态良好、生产发展、生活富裕的梦想。这些示范村的发展壮大和辐射带动，必将推进全省在今后美丽乡村建设中取得硕果。

三、甘肃省美丽乡村建设的主要经验

1. 农民主体，尊重意愿

开展农村人居环境建设根本的出发点和落脚点是农民群众福祉，这一过

① 邓生菊，陈炜．乡村振兴与甘肃美丽乡村建设［J］．开发研究，2018（5）：98-103.

程也必须紧紧依靠农民群众的力量，充分尊重农民群众的意愿。美丽乡村建设的实践表明，顺应农民群众意愿，工作就能有条不紊地顺利推进，取得较好的预期成效；违背农民群众意愿，即使有再好的目的和愿望，也会事倍功半，甚至中途受挫。[①] 改善农村人居环境，政府是主导，农民是主体，村里的事还是农民说了算，干什么，怎么干，什么时候干，钱怎么花，都要由农民说了算。在美丽乡村建设实践中，甘肃省各级政府和相关部门普遍注重尊重农民主体地位，健全民主决策机制，政府由过去的指令性包办代替转为指导性引导监督，主要发挥编制规划、投入资金、健全机制、提升服务的作用，不包办代替，不强行命令，充分尊重农民意愿，充分听取农民群众的意见和建议，完善村务公开制度，主动让农民群众参与建设项目的监督管理，使农民群众主动参与创建美丽乡村的热情充分调动。

2. 规划先行，统筹发展

甘肃省深刻认识到改善农村人居环境和建设美丽乡村的重大意义，认为编制改善农村人居环境和建设美丽乡村的相关规划是对此项工作的系统性、战略性、科学性、权威性的全局谋划，是扎实有效推进此项工作的必要条件，具有先导性和基础性地位。为此，甘肃省 2013 年就针对规划编制工作出台了指导意见，对规划编制的指导思想、原则内容、审批权限及保障措施等提出具体要求，提出编制规划必须与相关规划做好衔接，强化规划实施监管；对县域村庄布局规划制定了导则，这些为以规划为先在全省推进改善农村人居环境和美丽乡村建设提供了依据。截至 2015 年已编制完成 300 个“千村美丽”示范村和 758 个市县级美丽乡村的规划。在房屋建筑设计上，还编印《甘肃省美丽乡村民居特色风貌图集》，分河西、陇中、陇东南、陇东、民族特色五个主要风貌片区和类型，精心设计 180 种各具特色的农村住宅模式供村民选择。同时，由于美丽乡村建设是一项全面系统的工程，需要统筹协调相关部门合力推进，因此把农村人居环境改善和美丽乡村建设纳入经济社会发展全局谋划，统筹推进城乡一体化、易地搬迁、精准扶贫、小城镇建设、

① 邓生菊，陈炜．乡村振兴与甘肃美丽乡村建设［J］．开发研究，2018（5）：98-103.

新农村建设、乡村旅游发展等，有效整合以工代赈、小城镇建设、土地整理、造林绿化等涉农资金，最大限度发挥资金效益，形成了综合联动发展的强大合力。

3. 因地制宜，分层推进

甘肃省乡村经济发展水平整体偏低，农民居住条件总体欠佳，基础设施、公共服务、环境卫生建设等方面欠账较多，仍处于加快改善农村人居环境的发展阶段。与此同时，在甘肃省内的交通干线沿线、内陆河流域两岸、中小城市周边、自然生态条件较好的区域所分布的农村，拥有相对较好的区位优势，又具有创建美丽乡村的良好条件。针对此，甘肃省依据全省农村发展的阶段性特征，使美丽乡村建设因地制宜，分层推进，有序部署，既对全省改善农村人居环境做了总体部署，强化全省乡村发展的整体基础，又鼓励符合条件的乡村积极申报和建设“千村美丽”示范村，进一步提升这些乡村建设的内涵和品质，增强农民的幸福感。

4. 立足基础，突出重点

甘肃省地形地貌和地质条件复杂多样，农区牧区交错分布，各民族形成的多元文化并存融合，经济发展的空间起伏和反差较大。基于此，甘肃省既加强全局性部署，明确必须实现的总体目标和指标，又坚持分类指导、突出重点，立足经济社会发展的实际水平，遴选基础条件较好的乡村重点建设，鼓励它们规划先行，突出自身特色，谋划差异化发展，积极探索符合广大村民愿望、适应乡村发展实际、能够实现生态可持续发展的美丽乡村之路。

5. 政策引导，保障有力

坚持发挥政府在美丽乡村建设中的主导作用，在深入调研、充分讨论和广泛征求意见的基础上，省委、省政府制定了《关于改善农村人居环境的行动计划》，明确提出了总体要求、奋斗目标、工作重点和保障措施，统筹推进“水路房全覆盖、万村整洁、千村美丽”三大工程。省改善农村人居环境协调推进领导小组先后制定了《“千村美丽”示范村建设标准》《“千村美丽”示范村考核验收办法》《省改善农村人居环境协调推进领导小组工作规则》《省改善农村人居环境协调推进领导小组办公室及各成员单位工作职责》等相关配套文件，每年制定出台《改善农村人居环境工作的实施意见》，年中工作有督查交流，年底考核结果与奖补资金和项目安排挂钩，有效发挥了政策的引导、规范和保障作用。省上每年给“千村美丽”示范村 100 万元奖励补助，要求市县政府同比例落实配套建设资金，同时积极吸引社会资本参与农村人居环境建设。

第四章

甘肃美丽乡村建设的绩效评估

甘肃省美丽乡村示范典型的打造能推进农业转型，增加农民收入，改善农村人居环境，丰富村民文化生活，促进农村经济社会发展与精神文明建设，以点带面进一步加快推进全省美丽乡村建设。

美丽乡村示范典型是全面推进现代农业发展、生态文明建设的一部分，是新农村建设内涵的进一步丰富和提升，是一个复杂的系统，涉及经济、社会、生态环境等各方面，若仅对其中某一个方面进行研究评价，难以全面把握美丽乡村建设的实质。因此，只有系统地、全方位地考虑才能以点带面在全域范围内推进美丽乡村建设。通过构建评价指标体系，系统、全面地反映甘肃美丽乡村建设重点和内容，有利于更好地从时间和空间的角度对全省不同建设阶段、不同地貌类型的美丽乡村建设做出综合评价，对比发现美丽乡村在建设过程中存在的区域差异及主要问题，从而为甘肃全省全面推进美丽乡村路径构建提供客观依据。

一、评价指标体系构建

1. 美丽乡村建设评价研究的相关进展

近年来，围绕美丽乡村建设，国家、各省（市、区）、各市县均分别构建和出台了一系列美丽乡村的评价和考核体系，旨在督促各地区全力做好美丽乡村建设示范改造。同时，也有不少学者基于自身工作和科研需要构建了各自的评价模型和指标体系。

国家层面，原环境保护部出台了《全国环境优美乡镇考核标准（试行）》《国家级生态村创建标准（试行）》，原农业部出台了《美丽乡村创建目标体系（试行）》等。2015 年，原国家质检总局、国家标准委联合发布《美丽乡村建设指南》（以下简称《指南》），《指南》在村庄建设、生态环境、公共服务等领域规定了 21 项量化指标，为美丽乡村建设提供了明确要求。

从各省市情况看，各省围绕美丽乡村建立了适应各地情况的验收审查标准。例如，浙江省安吉县 2007 年率先开展了美丽乡村建设，制定了《安吉县建设“中国美丽乡村”精品示范村考核指标及计分办法》，该办法围绕“环境优美如画，产业特色鲜明，集体经济富强，文化魅力彰显，社会管理创新，百姓生活幸福”6 方面的建设内容，设置“村村优美、家家创业、处处和谐、人人幸福”四大类 45 项硬性考核指标。对被考核村进行打分且进行分级，根据得分所处级别给予表彰和批评，从而检验美丽乡村规划是否得到有效实施，引导美丽乡村创建工作的开展，实现村庄全面可持续发展，最终建成社会主义新农村。陕西省质量技术监督局也出台了《美丽乡村建设规范》，从建设规划、村庄建设、生态环境、经济发展等 7 个方面提出了 56 项量化指标要求。

为有效推进甘肃省改善农村人居环境“千村美丽”示范村建设，落实工作责任，完善激励机制，根据《中共甘肃省委　甘肃省人民政府关于改善农村人居环境的行动计划》（甘发〔2013〕20 号）、省改善农村人居环境协调推进领导小组及办公室有关文件精神，甘肃制定出台了《甘肃省改善农村人居环境“千村美丽”示范村考核验收办法》（简称《办法》）。《办法》主要分为对县市区的考核和对“千村美丽”示范村的考核。对县市区的考核，分组织保障、制度建设、规划编制、工作绩效、资金管理 5 方面设置了 20 项指标；对“千村美丽”示范村的考核，从基础设施完善、公共服务便利、村容村貌洁美、田园风光怡人、富民产业发展、村风民风和谐 6 方面设置了 64 项细分指标。

在学者们的研究中，黄磊、邵超峰、孙宗晟、鞠美庭从生态经济体系、生态环境体系、生态人居体系、生态文化体系、生态支撑保障体系 5 个方面构建了美丽乡村的评价指标体系。陈锦泉、郑金贵基于生态文明的视角，利用广义回归神经网络模型进行神经训练和神经调整，构建了一套包含生态经济发展、社会和谐、生态健康、环境友好、生态支撑保障5个体系为一体的评价指标体系，用以检验乡村的建设发展水平情况。陈静伟分经济系统、环境系统、人居系统、文化系统、支撑保障系统5个方面30个细分指标，对保定市司徒村美丽乡村建设情况进行了评价。

政府文件和学者们的研究为本书指标体系的设计提供了很好的参考。同时，基于对已建成美丽乡村示范村的评价，本书在指标体系设计中放弃大多数的完成性指标，更多采用了能够区别各示范村建设成效的差异性指标，以此来体现各示范村美丽乡村建设的差异程度。

2. 甘肃省美丽乡村建设评价指标选取原则

美丽乡村是社会主义新农村的提升，既具有传统农村的一般特征，又有着与众不同的发展特点，是一个集经济、社会、生态环境等于一体的综合系统。因此，美丽乡村建设效益评价指标体系的构建，是对农村经济、社会、生态环境等方面的全面客观反映。

构建美丽乡村建设效益评价指标体系应遵循以下原则：

（1）科学性原则。指标体系的构建必须具有科学性，在指标的选取上，既要能全面、准确、客观地展现美丽乡村的理念，同时又要凸显出其内涵与目标。

（2）系统性原则。美丽乡村是一个由经济、社会、生态环境等子系统构成的农村综合系统，指标体系的构建不仅要从整体上把握系统的总体特征，而且要多因素、多层次来综合反映美丽乡村的发展状况。

（3）实用性原则。美丽乡村建设效益评价指标的选取要从实际出发，根据各建设村的特点，尽可能全面、客观地反映农村经济、社会、生态的基本情况。

（4）可比性原则。美丽乡村建设效益评价指标体系的构建不仅要从空间上比较不同地貌美丽乡村建设的水平，还要从时序上比较不同美丽乡村建设阶段的差距。

（5）可行性原则。指标的选取要尽可能考虑到其可量化性，以及数据的可得性和可靠性，尽量采用统计数据和实地调研数据，以提高可操作性。

3. 甘肃省美丽乡村建设评价指标体系建立

美丽乡村是经济、政治、文化、社会和生态文明协调发展，规划科学、生产发展、生活宽裕、乡风文明、村容整洁、管理民主，宜居、宜业的可持续发展乡村。本课题在对美丽乡村建设内涵深入理解的基础上，按美丽乡村建设效益评价指标体系构建原则，借鉴国家美丽乡村建设标准和甘肃省改善农村人居环境“千村美丽”示范村建设标准，以探寻各地区美丽乡村建设差异和共性问题为目的，从经济发展与组织化程度、村庄绿化美化与环境建设、基础设施与公共服务能力建设、和谐村镇建设 4 个方面构建起包含 18 个单项指标的评价指标体系。

（1）经济发展与组织化程度。C_{11}表示农村居民人均纯收入，反映该村居民经济发展水平；C_{12}表示村集体稳定收入，反映村集体发展能力；C_{13}表示农民组织化程度，指本村参加农民专业合作组织户数占全村农户数的比例；C_{14}表示特色主导产业发展程度，指全村农（林）业特色主导产业（3 种以内）面积占农（林）业经营面积的比重。

（2）村庄绿化美化与环境建设。C_{21}表示生活垃圾无害化处理率，指生活垃圾经集中收集，得以无害化处理户数占全村总户数的比例；C_{22}表示生活污水收集处理农户覆盖率，指村域内生活污水集中收集、处理（或综合利用）的户数占全村总户数的比例；C_{23}表示清洁能源普及率，指的是村域内使用清洁能源的农户家庭数占村内农户总户数的比例；C_{24}表示户用卫生厕所普及率，指村域内拥有标准卫生厕所的农户数占总农户数的比例，以上四个指标较为全面地反映了农村生活污染源的控制程度；C_{25}表示林草覆盖率，指村域范围内乔木、小乔木、竹林等的垂直投影面积占该范围总面积的百分比，反映农村的自然环境；C_{26}表示废旧地膜回收利用率，指调查中废旧地膜回收利用人数占总调查人数的比例。

（3）基础设施与公共服务能力建设。C_{31}表示文体设施建设情况，使用调查户文体设施建设满意度代替；C_{32}表示农民养老保险覆盖率；C_{33}表示学前教育入园率；C_{34}表示农村五保集中供养能力。

（4）和谐村镇建设。C_{41}表示对村庄环境建设满意度；C_{42}表示对思想宣传满意度；C_{43}表示对村两委工作满意度；C_{44}表示对美丽乡村建设成效的满意度。

4. 甘肃省美丽乡村建设目标值确定

本书所选取指标如生活垃圾无害化处理率、生活污水处理农户覆盖率、清洁能源普及率和林草覆盖率的目标值均来自《美丽乡村建设指南》国家标准，无明确目标值的指标如“农村人均纯收入”是选用2016年甘肃农村居民人均纯收入值，“村集体稳定收入”以本次调查村的均值为参考值，满意度类指标以100%为目标，指标体系如表4-1所示。

表4-1　甘肃省美丽乡村建设效益评价指标体系

<table>
<tr><th>目标层</th><th>系统层</th><th>指标层</th><th>单位</th><th>性质</th><th>目标</th></tr>
<tr><td rowspan="18">甘肃省美丽乡村建设成效（A）</td><td rowspan="4">经济发展与组织化程度（B1）</td><td>C_{11}农村居民人均纯收入</td><td>元</td><td>正指标</td><td>7600</td></tr>
<tr><td>C_{12}村集体稳定收入</td><td>万元</td><td>正指标</td><td>6. 21</td></tr>
<tr><td>C_{13}农民组织化程度</td><td>%</td><td>正指标</td><td>100%</td></tr>
<tr><td>C_{14}特色主导产业发展程度</td><td>%</td><td>正指标</td><td>100%</td></tr>
<tr><td rowspan="6">村庄绿化美化与环境建设（B2）</td><td>C_{21}生活垃圾无害化处理率</td><td>%</td><td>正指标</td><td>80%</td></tr>
<tr><td>C_{22}生活污水收集处理农户覆盖率</td><td>%</td><td>正指标</td><td>70%</td></tr>
<tr><td>C_{23}清洁能源普及率</td><td>%</td><td>正指标</td><td>70%</td></tr>
<tr><td>C_{24}户用卫生厕所普及率</td><td>%</td><td>正指标</td><td>80%</td></tr>
<tr><td>C_{25}林草覆盖率</td><td>%</td><td>正指标</td><td>20%</td></tr>
<tr><td>C_{26}废旧地膜回收利用率</td><td>%</td><td>正指标</td><td>80%</td></tr>
<tr><td rowspan="4">基础设施与公共服务能力建设（B3）</td><td>C_{31}文体设施建设情况</td><td>%</td><td>正指标</td><td>100%</td></tr>
<tr><td>C_{32}农民养老保险覆盖率</td><td>%</td><td>正指标</td><td>100%</td></tr>
<tr><td>C_{33}学前教育入园率</td><td>%</td><td>正指标</td><td>100%</td></tr>
<tr><td>C_{34}农村五保集中供养能力</td><td>%</td><td>正指标</td><td>100%</td></tr>
<tr><td rowspan="4">和谐村镇建设（B4）</td><td>C_{41}对村庄环境建设满意度</td><td>%</td><td>正指标</td><td>100%</td></tr>
<tr><td>C_{42}对思想宣传满意度</td><td>%</td><td>正指标</td><td>100%</td></tr>
<tr><td>C_{43}对村两委工作满意度</td><td>%</td><td>正指标</td><td>100%</td></tr>
<tr><td>C_{44}对美丽乡村建设成效的满意度</td><td>%</td><td>正指标</td><td>100%</td></tr>
</table>

二、评价方法

以评价指标体系为基础，本书采用层析分析法来确定评价指标的权重，综合指数法集成甘肃美丽乡村建设效益评价得分。

1. 指标权重的确定

指标权重是指在总体目标的约束下，各具体指标的价值及相对重要程度及所占比例大小的量化值，在多指标综合评价中，有必要确定各指标的权重。美丽乡村建设涉及战略决策问题的研究，本书采用层析分析法确定美丽乡村建设效益评价指标的权重。

层次分析法（AHP）是美国运筹学家萨迪教授于 20 世纪 70 年代初提出的一种定量与定性相结合的决策分析方法，它利用矩阵特征值和特征向量运算，来进行群组判断，以确定某些定性变量的赋值。① 其基本思想是：①将所有评价指标按其属性划分为几个大类；②根据两两比较矩阵求出各大类要素相对权重，以及各具体评价指标在其所属大类中的相对权重；③对各大类要素下的各个评价指标做单因素评价，并形成单因素评判矩阵；④运用综合评判函数，通过矩阵运算对各个评价要素做综合评价。

层次分析法确定指标权重的具体步骤为：①建立递阶层次结构。将问题所含要素按其属性划分为若干组，形成不同层次。②构造两两比较判断矩阵。根据一定的准则，判断两个要素 A 与 A 的相对重要性，按相对重要程度以 1、3、5、7、9 五个等级标度赋予一定数值，如表 4-2 所示，相邻判断的中值分别取 2、4、6、8，对于 N 个要素来说，得到两两比较判断矩阵 A。

$$A = (a_{ij})_{n\times n}$$

$$a_{ij} = A_i / A_j$$

判断矩阵有如下性质：①$a_{ij}>0$；②$a_{ij} = 1/a_{ji}$。

① 许树柏．实用决策方法：层次分析法原理［M］．天津：天津大学出版社，1988.

表 4-2 矩阵等级标度意义

等级标度	意义
1	要素两两比较，具有同等重要性
3	要素两两比较，一个要素比另一要素略微重要
5	要素两两比较，一个要素比另一要素明显重要
7	要素两两比较，一个要素比另一要素强烈重要
9	要素两两比较，一个要素比另一要素极端重要

运用层次分析法软件进行指标权重计算，具体流程如下（见图 4-1）。

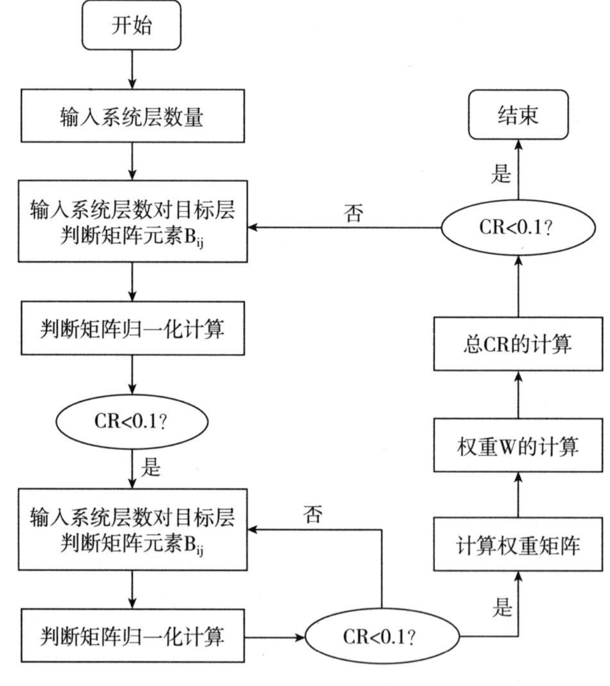

图 4-1 层次分析法计算流程图

2. 综合评价模型

美丽乡村建设效益评价的每一个单项指标只能从某一个侧面来反映美丽乡村建设状况，为从整体上反映甘肃省美丽乡村建设情况，本书采用综合指数法集成甘肃省美丽乡村建设单项效益评价得分，进而合成综合效益得分。计算模型如下。

$$X = \sum_{i=1}^{n} X_i W_i$$

在评价模型公式中，X 为综合得分；W_i 为指标权重值；X_i 为一个指标相对其目标值的实现程度，即实际值/目标值。本书所选取的指标均为正指标，因此在进行综合评价时不需要进行指标的一致性处理。

三、综合评价实证分析

根据构建的指标体系与评价模型，可以计算出甘肃各调研村美丽乡村建设在经济发展与组织化程度、村庄绿化美化与环境建设、基础设施与公共服务能力建设、和谐村镇建设等方面的单项效益得分和综合效益得分。

1. 数据来源

甘肃省美丽乡村建设效益评价指标的原始数据均来源于原中共甘肃省委农村工作办公室提供的相关资料和实地调研数据。

2. 指标权重的计算

采用层次分析法确定甘肃省美丽乡村建设效益评价指标的权重（见表4-3）。

表 4-3　甘肃省美丽乡村建设绩效评价指标权重

二级指标层	权重	三级指标层	权重	综合权重
经济发展与组织化程度（B1）	0.3250	C_{11}农村居民人均纯收入	0.2153	0.0700
		C_{12}村集体稳定收入	0.5571	0.1811
		C_{13}农民组织化程度	0.1537	0.0500
		C_{14}特色主导产业发展程度	0.0739	0.0240
村庄绿化美化与环境建设（B2）	0.2200	C_{21}生活垃圾无害化处理率	0.1049	0.0231
		C_{22}生活污水收集处理农户覆盖率	0.2596	0.0571
		C_{23}清洁能源普及率	0.2027	0.0446
		C_{24}户用卫生厕所普及率	0.2038	0.0448
		C_{25}林草覆盖率	0.1003	0.0221
		C_{26}废旧地膜回收利用率	0.1287	0.0283

续表

二级指标层	权重	三级指标层	权重	综合权重
基础设施与公共服务能力建设（B3）	0.2750	C_{31}文体设施建设情况	0.1092	0.0300
		C_{32}农民养老保险覆盖率	0.1387	0.0381
		C_{33}学前教育入园率	0.2096	0.0576
		C_{34}农村五保集中供养能力	0.5425	0.1492
和谐村镇建设（B4）	0.1800	C_{41}对村庄环境建设满意度	0.2073	0.0373
		C_{42}对思想宣传满意度	0.3429	0.0617
		C_{43}对村两委工作满意度	0.2014	0.0363
		C_{44}对美丽乡村建设成效的满意度	0.2484	0.447

3. 评价结果与分析

根据上述计算所得到的各评价指标权重，运用上述的综合评价模型从经济发展与组织化程度、村庄绿化美化与环境建设、基础设施与公共服务能力建设、和谐村镇建设四个方面计算得出金川区、高台县、宁县8个美丽乡村建设的各单项效益得分及综合效益得分（见表4-4）。

表4-4　各样本村评价得分

村庄名称	经济发展与组织化程度	村庄绿化美化与环境建设	基础设施与公共服务能力建设	和谐村镇建设	综合得分
高台县西滩村	0.1957	0.0663	0.1566	0.1902	0.6088
高台县信号村	0.2397	0.2294	0.3412	0.2027	1.0130
高台县六三村	0.2216	0.2795	0.3750	0.2283	1.1044
高台县东联村	0.4093	0.2692	0.3782	0.2150	1.2817
金川区新华村	0.4795	0.2175	0.2912	0.1989	1.1871
金川区营盘村	0.5142	0.1857	0.2489	0.2015	1.1503
金川区古城村	0.6403	0.1690	0.2582	0.2053	1.2728
宁县莲花池村	0.0738	0.1592	0.2242	0.1879	0.6451

从各二级指标得分情况看，在经济发展与组织化程度方面，古城村得分最高，莲花池村得分最低，原因在于各村居民收入、村集体收入等方面存在

较大差距；村庄绿化美化与环境建设方面，六三村得分最高，西滩村得分最低，影响因素体现在生活污水收集处理农户覆盖率、清洁能源普及率、户用卫生厕所普及率、林草覆盖率方面；基础设施与公共服务能力建设方面，东联村得分最高，西滩村得分最低，影响得分的主要因素为农村五保集中供养能力；和谐村镇建设得分比较均衡，得分最高的为六三村，得分最低的为莲花池村。

从综合得分来看，按照得分由高到低依次为东联村、古城村、新华村、营盘村、六三村、信号村、莲花池村、西滩村，对排序产生主要影响的因素为村集体稳定收入、农村五保集中供养能力、农村居民人均纯收入等因素。

四、群众对美丽乡村建设成效的感知度

美丽乡村建设的目的在于改善民生，因此美丽乡村建设要在抓好工作、抓出成效的同时，让老百姓切切实实都感受到美丽乡村建设带来的好处。为了了解群众对美丽乡村建设成效的满意度和感受状况，课题组在调研的同时，以访谈和问卷的形式对此问题进行了调查。

1. 基本调查信息

为了客观描述甘肃省美丽乡村示范点建设成效的公众感知状况，本书在金川区、高台县、宁县 8 个美丽乡村建设示范点，以农户为基本单位进行问卷调查。共发放问卷 290 份，回收有效问卷 278 份，有效率为 95.86%。其中，西滩村有效问卷 31 份，信号村 32 份，六三村 37 份，东联村 36 份，新华村 39 份，营盘村 32 份，古城村 33 份，莲花池村 38 份。

从性别看，男性 163 人，占比 58.63%；女性 115 人，占比 41.37%。从家庭人口规模上看，3~5 人的家庭户居于绝大多数（78.9%）。从年龄结构上看，18~30 岁的人数占 25%，31~45 岁的人数占 31.2%，46~60 岁的人数占 33.1%，60 岁以上的人数占 9.7%。从教育程度上看，小学文化程度的占 42.5%；初中及以下占 29.1%；高中、中专和技校的占 16.9%，专科以上的占 9.6%。从家庭收入看，家庭年收入 1 万元以下的占 5.2%；1 万~2 万元的占

8.1%；2万~3万元的占25.7%；3万~5万元的占32.5%；5万~8万元的占19.6%；8万元以上8.9%。从调查对象个人收入情况看，无收入的占18.8%，小于3000元的占39.5%，3000~5000元的占40.5%，大于5000元的占比较小，为11.2%。

2. 规划科学感知情况

规划科学指村庄建设应符合土地利用的总体规划，体现了政府作为规划者对乡村建设的科学管理状况，本书主要是通过村委访谈，结合问卷中是否有违法建筑现象这一问题来体现。

在违法建筑感知度调查中，认为“没有违法行为”的占比超过一半，为53.5%；选择“极个别现象”的占27.5%；选择“比较严重”的仅占4.1%（见图4-2）。

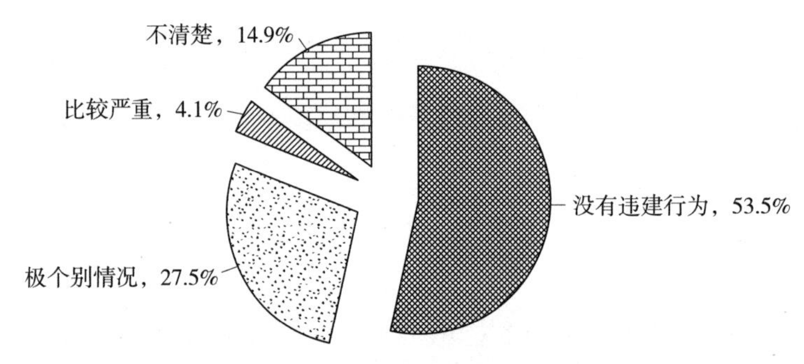

图4-2 违建情况感知调查

访谈发现，出现违建现象的主要原因在于在美丽乡村建设过程中，由于住房结构及样式的标准化，一些居民的鸡狗等自用养殖及生产生活用品无处堆放，导致有自搭乱建情况的发生。

3. 生产发展感知情况

（1）土地流转发展良好。在土地流转问题的调查中，有47.4%的农户家庭有土地流转现象，这一现象在金昌、张掖等河西地区比较普遍。而庆阳等地受其地形地貌影响，土地流转川区河谷地带相对较多，而山地流转相对较少（见表4-5）。

表 4-5　土地流转情况调查

选项	选项	占比（%）
您的土地是否存在土地流转	有	47.4
	没有	36.5
	不清楚	16.1

（2）合作经济组织参合农户超过一半。在是否加入合作组织问题的调查中，有 50.6%的受访者加入了合作经济组织，49.4%的受访者选择未加入。

通过访谈发现，一方面，合作经济组织目前对政府支持的依赖程度较高，其发展主要依靠政府的惠民政策，进而引导农户进行种植，从而给村民带来一定的收益。但近年来由于经济大环境影响，许多农产品价格不稳定，丰产不丰收以及损农坑农现象时有发生，农户参与合作社积极性大打折扣。另一方面，当前农村中从事农业生产的劳动者普遍年龄偏大，农业收益较低已成为农民普遍认可的观点，有人形象地说“黑头发在赚钱，白头发在农田”，农业生产“后继无人”的现象比较严重。

（3）基础信息设施使用普遍，互联网体验程度不深。对农村基础信息设施的感知情况调查发现，手机已经基本代替固定电话成为农村居民的主要通讯工具（调查中使用手机的人数占比为 96.7%，使用固定电话人数占比仅有 8.3%）。在资讯信息接收方面，电视仍然是农村各类资讯的主要来源。同时，电脑的使用覆盖率也取得快速发展，占比提高到 34.5%。但是电脑的使用群体仍然以年轻人为主（见表 4-6）。

表 4-6　基础信息设施调查

选项	选项	占比（%）
您家中有以下哪些基础信息设施	固定电话	8.3
	手机	96.7
	电视	93.8
	电脑	34.5

在对农村电商发展的问题回答中，63.2%的受访者表示有过网络消费或代购体验，但只有 20.4%的受访者有过网络销售或代销经历。问其原因，一

是由于长期在农村居住生活的多为中老年群众，受其文化程度、消费习惯等影响，电商消费意识尚未形成；二是受种养品种及结构的制约，农户可供电商销售土特产品品种少、规模小，加上因与中心镇区的距离相对较远而导致的物流成本较高，因而电商发展仍存在一定困难（见表4-7）。

表4-7　电商体验调查

选项	选项	占比（%）
有无网购或代购体验	有	63.2
	无	36.8
有无网络销售或代销经历	有	20.4
	无	79.6

4. 生活状况调查情况

（1）收入来源结构有待调整，家庭消费支出特征明显。家庭收入状况决定了农村居民家庭的生活状况，从调查情况看，年收入8万元以上的高收入家庭占8.9%；2万~8万元的中等收入家庭占77.8%；2万元以下的占13.3%（见图4-3）。

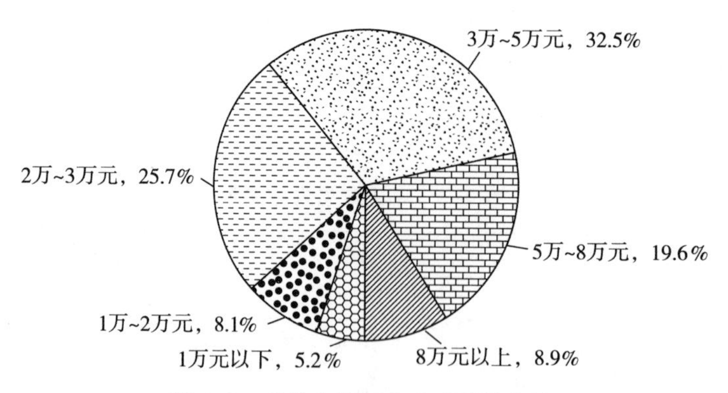

图4-3　各收入范围农户家庭数占比

从农村居民家庭的收入来源看，其家庭主要收入来源于外出务工收入，占其家庭收入的1/3以上，其次来源于务农、固定工资收入、自主创业等方面（见图4-4）。

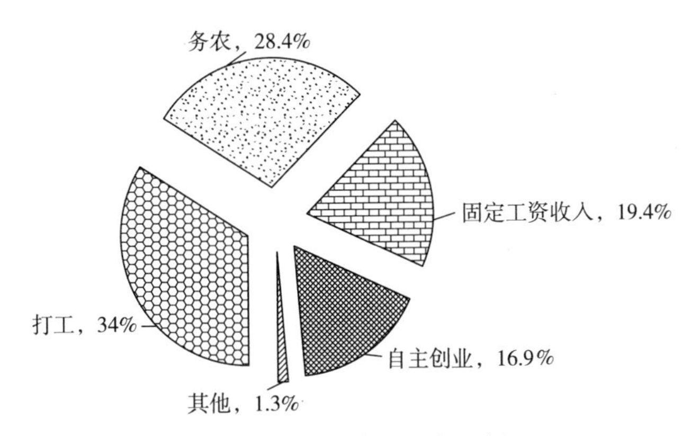

图 4-4 农户家庭主要收入来源

对于家庭消费支出的感知调查可以看出，物质生活支出（衣食住行）和人情消费在农村居民家庭中的支出占比较大。这表明当前甘肃农村地区生活质量仍处于较低水平，基本生活支出占比依旧较大。同时，人情交往开支较大一方面源于传统文化中的人情“关系”情结，另一方面也因为互相攀比造成农户苦不堪言。同时发现，教育、医疗类支出在农户家庭支出中的占比呈逐渐增加趋势，一方面源于农村居民对教育及自身健康状况的关注度增加，另一方面也与当前教育、医疗等资源的供给不足有关（见表 4-8）。

表 4-8 家庭消费支出情况调查

问题	序号	选项（频次）
排序情况（前 3）	1	衣食住行支出（87）
		人情往来支出（46）
		教育支出（35）
	2	人情往来支出（79）
		教育支出（58）
		医疗支出（47）
	3	人情往来支出（66）
		医疗支出（54）
		教育支出（43）

（2）农户家庭自来水的使用率和清洁生活能源普及率较高。从家庭生活使用能源的种类来看，煤气（液化气）、太阳能等清洁能源使用呈逐步普及态

势。调查显示，使用煤气（液化气）的家庭占 62.2%，太阳能的使用达到 57.3%，用电家庭数占 35.7%。与此同时，还有 29.8%的农户表示家中主要使用柴火，43.7%的农户以煤炭为主要生活能源。

饮用水方面，使用自来水的占比达 90.5%，7%的家庭使用井水，还有部分群众以其他水作为饮用水。与此同时，对农户进行饮用水水质满意度调查，认为水质“非常好”的农户占 15.8%，有 28.2%的村民认为水质“很好”，认为水质“一般”的占 45.4%，认为水质“不太好”的农户占 7.1%，有 3.5%的农户选择“很不好”和“说不清”（见表 4-9）。

表 4-9　饮用水和生活能源使用状况

问题	选项	占比（%）
您家用哪些生活能源	柴火	29.80
	煤气（液化气）	62.20
	太阳能	57.30
	煤炭	43.70
	电	35.70
您家的饮用水是	自来水	90.50
	井水	7.00
	其他	2.50
水质如何	非常好	15.80
	很好	28.20
	一般	45.40
	不太好	7.10
	很不好	1.30
	说不清	2.20

（3）公共服务设施使用需求强烈。在对“您认为您所在村还需要新建或改善哪些基础设施或公共服务设施”的调查中，按照农户选择频率高低依次为健身活动场地及设施（88.1%）、污水处理设施及管网（84.2%）、卫生防疫站（82.6%）、敬老院（日间照料中心）（75.4%）、公共厕所（74.9%）、入户道路硬化（69.2%）、幼儿园（40.1%）、小学（34.8%）、卫生室（29.7%）、农家书屋（20.4%）等。可以看到，群众对健身设施、污水收集

处理、卫生防疫、养老等设施及服务的需求相对强烈。

5. 乡风文明感知情况

通过乡风文明的感知情况调查直观反映出农民文明素质状况与农村文明的程度。本次调查中从农民业余文化生活的形式和频率、日常生活中所遇到不文明行为的频率（包括赌博、占卜算命、不给老弱病残让座、邻里之间发生冲突、不尽赡养义务、不孝顺老人、喝酒开车等）、治安状况三方面进行相关调查。

（1）农村群众的业余文化活动形式相对单一。本书调查从村民对棋牌、看电视、广场舞、宗教活动、上网 5 种业余文化生活形式的参与情况着手，以期发现其日常业余文化活动的基本情况。调查显示，村民的业余生活主要集中在看电视和上网两个方面。其中，中青年群体以上网为主要休闲形式，18 至 45 岁上网人数占所有上网人数比重的 76.85%。而选择看电视作为休闲形式的农户在各个年龄段均有分布，无明显的年龄阶段特征。同时，访谈发现，随着手机等上网形式的多元化以及网络信息更加迅捷、更加多元的特征使其更能满足群众的各类信息需求，从而使得网络逐步代替电视成为群众获取信息的主要渠道，电视逐步变成“闲置”品。

在选择其他活动的人群中，约 1/4 的农户选择棋牌类，选择这一选项的多为中老年人；约 20%的群众选择广场舞，以妇女为主要人群；此外约有 14.6%的群众选择宗教活动（见图 4-5）。

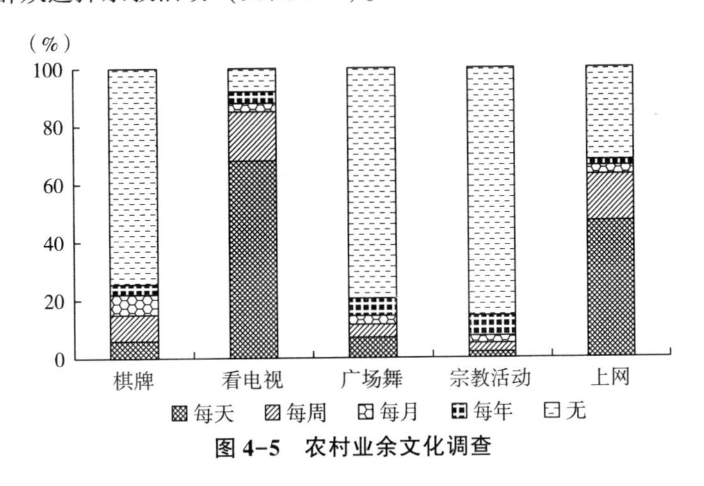

图 4-5　农村业余文化调查

（2）不文明行为特征明显。按照调查结果，不文明行为主要集中在三类，其中第一类以“乱”为特征，主要有乱扔垃圾、随地吐痰、乱闯红灯等现象；第二类有喝酒开车、赌博、占卜算命、不给老弱病残让座等行为；第三类是不尽赡养义务、不孝顺老人以及邻里之间发生冲突等行为（见图 4-6）。

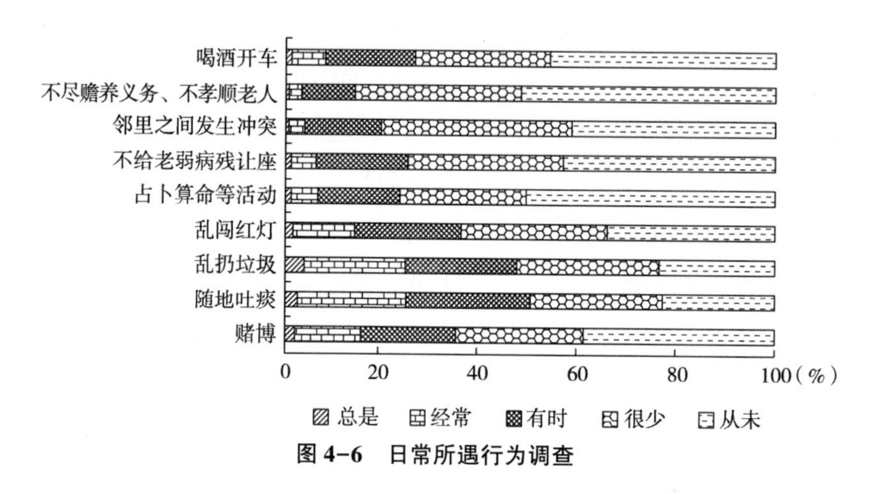

图 4-6 日常所遇行为调查

（3）社会治安状况良好。总体来看，群众的满意度较高。调查显示，近 60%的人对社会治安状况持“非常满意”或“比较满意”的态度，31%的人认为社会治安状况“一般”，只有不足 10%的被调查者对社会治安状况“不太满意”或“很不满意”（见图 4-7）。

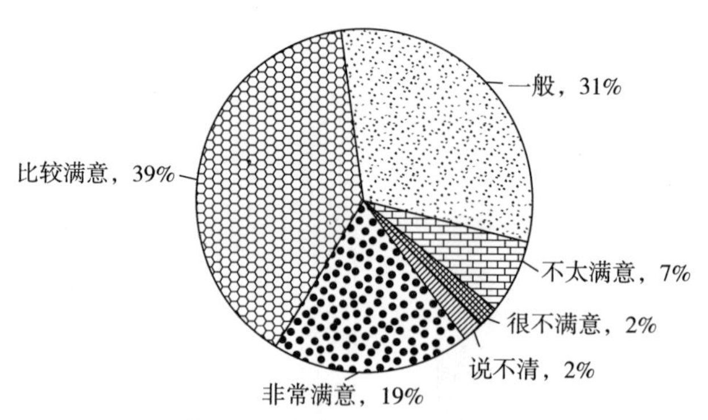

图 4-7 治安状况满意度调查

6. 村容整洁感知情况

（1）化肥使用量较大。化肥农药的使用对提高农产品产量和生产效率、降低劳动力使用等方面发挥了重要作用，也为解决我国粮食安全问题做出了重要贡献。但随着化肥农药的持续使用，对土壤、水源等造成了污染，同时也给食品安全带来了一定威胁。

从调查情况看，农村使用化肥范围广。有六成以上的村民表示“用过”或者“经常用”，选择“没用过”化肥的农户不足10%，说明农村化肥使用依然普遍（见表4-10）。

表4-10　化肥使用情况调查

问题	选项	占比（%）
您平时使用化肥的情况	没用过	8.4
	很少用	22.5
	用过	37.7
	经常用	28.3
	不清楚	3.1

（2）秸秆焚烧现象较少。我国是一个农业大国，农业生产产生的秸秆产量大、分布广、种类多，是一种可供进一步开发利用的宝贵资源。但由于加工企业少、收集运输成本高等原因，农作物秸秆利用不足，从而秸秆焚烧现象在农村还时有发生。但从调查情况看，我省农村秸秆焚烧现象相对较少。调查中，57.9%的村民选择“从未看到”或者“很少看到”。但仍有27.6%的村民表示“有时”仍会看到秸秆焚烧，9.8%的人表示“经常看到”（见表4-11）。

表 4-11 秸秆焚烧情况调查

选项	选项	占比（%）
在您平时的农业生产中，有没有遇到过秸秆焚烧的情况	从未看到	23.3
	很少看到	34.6
	有时看到	27.6
	经常看到	9.8
	总是看到	1.2
	不清楚	3.5

（3）对周边环境的满意度较高。农民对环境的满意度是衡量美丽乡村建设成效最直接的方法。调查显示，近一半村民选择“非常满意”或者“比较满意”，选择“一般”的占比 33.6%，有 13.8%的农户表示对周围环境“不太满意”，3.3%的人选择“很不满意”。对造成农村生产生活污染的污染源调查，结果按照选择频次由多到少排序为：地膜等生产垃圾>生活垃圾>人畜粪便>水质>空气（见表 4-12）。

表 4-12 周边环境满意度及污染源调查

问题	选项	占比（%）
您对本村及周边地区的环境满意度	非常满意	15.7
	比较满意	30.5
	一般	33.6
	不太满意	13.8
	很不满意	3.3
	说不清	3.1
您认为身边什么污染最严重	水质污染	7.9
	空气污染	1.7
	生活垃圾污染	27.8
	地膜等生产垃圾污染	43.3
	人畜粪便	15.8
	其他	3.5

（4）农村厕所改造还需加强。厕所改造是农村卫生改造的重要工作之一。调查显示，有 50.7%的农村居民家庭使用旱厕或简易厕所，有 33.1%的农户使用水冲式厕所，其余 19.2%的农户选择两种都有。访谈显示，由于当前下水管网建设难以大范围覆盖，而单户居民改厕受地形等限制污水难以排出，因而造成厕所改造在实践中存在不少困难。

7. 民主管理感知情况

（1）农民对村两委领导班子的满意度一般。管理民主是建设美丽乡村的重要内容，也是建设美丽乡村的重要保证。本书针对“村领导满意度”这一问题进行调查，结果显示，35.2%的村民选择“一般”，有超过 1/3 的群众选择“非常满意”“比较满意”，还有 17.3%的村民选择“不太满意”或者“很不满意”（见表 4-13）。

表 4-13 对村两委领导班子的评价调查

选项	选项	占比（%）
您对本村的两委领导班子	非常满意	11.3
	比较满意	25.5
	一般	35.2
	不太满意	12.6
	很不满意	4.7
	说不清	10.7

对村两委领导班子服务工作不满意的原因进行调查，共设置了五项原因可供选择。其中有 25.3%的人选择了“服务态度不好”，68.2%的人选择“办事效率低”，50.3%的人选择“政务不够公开”，还有 19.7%的人选择“廉政建设”，另外还有人反映“办事不公平”等现象（见图 4-8）。这说明，当前农村基层组织一方面要注重提高办事效率，另一方面要强化村级各项事务的公开工作。

（2）农民参与环境监督的积极性较高。调查显示，农户有着比较强烈的参与环境监督的意愿，61%的农户选择“非常愿意”或者“比较愿意”参与

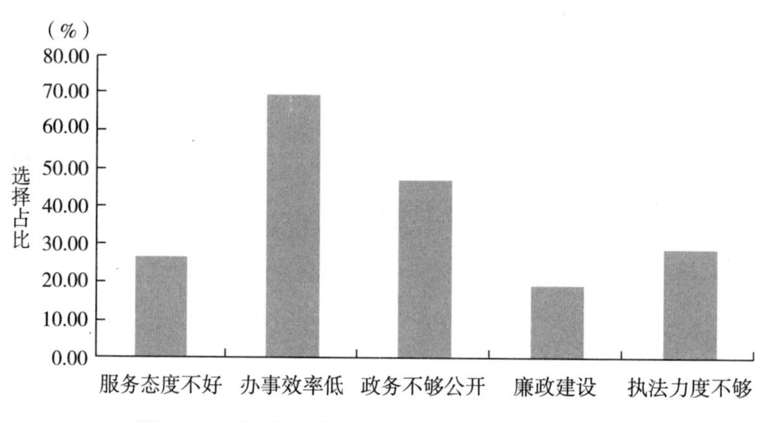

图 4-8　对村两委领导班子工作不满意原因调查

环境监督相关工作（见图 4-9）。

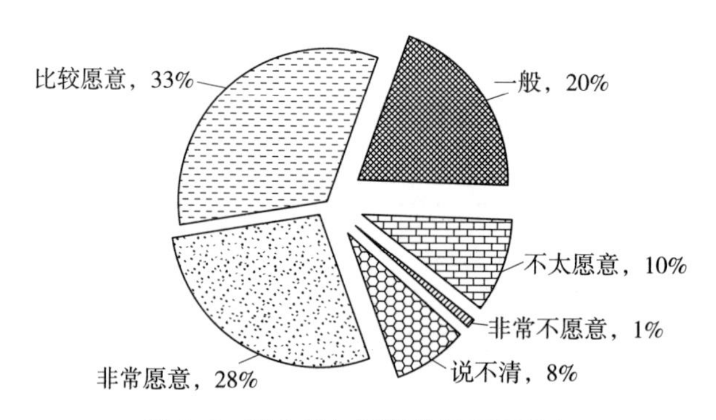

图 4-9　群众参与环境监督意愿调查

8. 对美丽乡村建设总体情况的感知

（1）对美丽乡村建设内容的了解程度一般。通过调查村民对美丽乡村建设目标及内容的了解程度显示：一方面，有 59.5%的农户认为所在村（镇）正在进行美丽乡村建设，有 13.5%的农户认为没有进行建设，还有 27.0%的农户表示“不清楚”（见表 4-14）。另一方面，对于美丽乡村建设的了解程度，47%的人认为对美丽乡村建设情况“比较了解”，有 35%的人表示“只是听说过”，只有 13%的人选择“非常了解”（见图 4-10）。

表 4-14　是否正在进行美丽乡村建设的调查

选项	选项	占比（%）
您所在村（镇）是否正在进行美丽乡村建设	是	59.5
	否	13.5
	不清楚	27.0

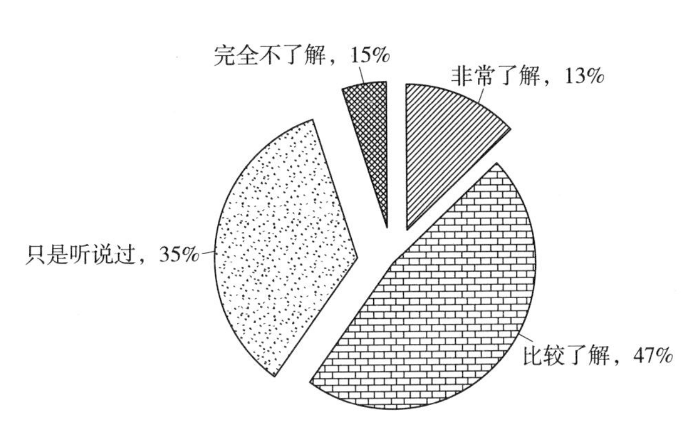

图 4-10　对美丽乡村建设的了解程度调查

村民对建设美丽乡村的态度方面，有超过 85%的村民选择了“非常赞成”或者“比较赞成”，仅有不到 1%的村民持反对意见（见表 4-15）。

表 4-15　对建设美丽乡村的态度调查

选项	选项	占比（%）
您对建设美丽乡村所持的态度是	非常赞成	57.4
	比较赞成	28.4
	一般	11.4
	比较反对	0.4
	非常反对	0.5
	说不清	1.9

（2）群众对美丽乡村之“美”的认知。美丽乡村的“美”体现在方方面面，调查发现，村民对于美丽乡村最直观的感受是“优美的村容村貌”（73.8%）。其次是“完善的基础设施”（52.3%）和“良好的公共服务”（46.3%）等（见表 4-16）。

表 4-16　对美丽乡村最直观感受的调查

问题	选项	占比（%）
您认为美丽乡村的“美”最应体现在哪些方面	优美的村容村貌	73.8
	良好的思想观念	37.9
	健康向上的民风民俗	38.9
	完善的基础设施	52.3
	良好的公共服务	46.3
	产业的更好发展	36.7

（3）美丽乡村建设的变化感知与期望。对美丽乡村带给农村的改变方面，本书设置了生态环境、休闲农业、乡村旅游业、公共设施、生活水平和就业岗位6个选项，按照群众感受，排序依次为生态环境>公共设施>生活水平>乡村旅游业>休闲农业>就业岗位。

在对美丽乡村建设未来的期望上，群众最希望“提高日常生活水平”(62.1%)，其次为“交通更加便捷”（40.3%）、“公共基础设施更加完善”（38.7%）等，可见群众对与其生产生活相关的项目关注关心更多(见表4-17)。

表 4-17　村民对美丽乡村建设的变化感知及期望调查

问题	选项	占比（%）
您认为本村在美丽乡村建设过程中变化最大的是哪些方面	生态环境	63.5
	休闲农业	14.7
	乡村旅游业	15.6
	公共设施	58.7
	生活水平	40.2
	就业岗位	9.8
您对美丽乡村建设的具体期望有哪些	提高日常生活水平	62.1
	交通更加便捷	40.3
	提高知名度	21.2
	增强建设过程中的政务透明度	30.7
	促进与周边地区的交流	6.6

续表

问题	选项	占比（%）
您对美丽乡村建设的具体期望有哪些	政府部门加大投资力度	32.6
	公共基础设施更加完善	38.7
	环境更加优美	31.2

五、结论与对策建议

1. 甘肃美丽乡村建设取得的成效和存在的主要问题

（1）取得的主要成效。

1）特色产业发展势头良好。特色产业发展是美丽乡村建设的基础和前提。只有利用产业带动，美丽乡村的建设才能有后劲、有前景、有未来。近年来，全省各地根据不同乡村所具有的自然条件、资源禀赋、发展优势、发展目标等，大力发展特色种植养殖业、农产品精深加工业、乡村特色旅游业等优势产业，每个村基本都培育了1~2个促农增收的主导产业，基本上实现了“一村一品”，有力地推动了农村地区的产业转型和农民增收致富，为美丽乡村建设奠定了坚实的产业基础和物质基础。

2）村庄绿化环境美化成效显著。近年来，甘肃省对村庄绿化环境美化高度重视，立足长远确定发展的战略方向。通过编实编细村庄发展规划，先导性地谋划设计村庄绿化环境美化蓝图，以村庄周围、道路两侧、房前屋后、河道沿线等为重点，采取新造、补植等措施，动员群众植树种草，着力打造山清水秀、宜居宜业的秀美村庄，农村人居环境得到极大改善。同时，甘肃省还把农村环境卫生综合整治作为一项常规性工作来抓，以整治脏、乱、差为突破口，以基础设施建设为重点，加大宣传教育力度，进一步完善农村垃圾处理设施和农村环境卫生治理长效机制，各地村镇配备日常保洁队伍、保洁人员，负责日常清扫保洁等工作，统一清理、统一运送，及时做好村道内垃圾收集工作，村庄周围环境卫生得到大幅改善。

3）生产生活条件大为改观。美丽乡村建设项目的实施，极大地改善了农村的基础设施条件。各美丽乡村大力实施以行路、饮水、住房等为主的民生工程，群众生产生活条件得到极大改善。一是大力实施农村道路通畅工程，加快通村道路和村社巷道硬化。二是加强人饮工程改造提升和维护管理，全省适宜地区和美丽乡村示范村安全饮水实现全覆盖，水质符合国家饮用水卫生标准。三是大力实施贫困户危旧房改造和易地搬迁，配套完善覆盖全村的供电、照明、消防等基础设施，农村基础设施覆盖程度和服务功能不断增强。四是加强通信、网络等基础设施建设，为农村现代农业、电商发展等创造了良好的条件。

4）社会事业全面加快发展。美丽乡村建设促进了社会事业的加快发展，各示范村全部实现了标准化小学、村级卫生室、文体广场、老年人日间照料中心等基础公共服务设施的全覆盖，居民就学、就医、养老条件得到明显改善，城乡居民公共服务均等化程度进一步提升，群众获得感和幸福感进一步增强。

5）乡村文明程度不断提升。通过政策宣传、举办喜闻乐见的群众性文化活动以及外出返乡人员的带动等，农民群众整体文明意识得到提高，文明素养进一步提升，遵守规则、孝老爱亲、邻里互助、团结友善、维护公共环境等社会文明行为成为常态，总体社会文明程度不断提升。

（2）存在的问题。

1）经济发展与组织化程度方面。产业发展和农民增收是建设美丽乡村的根本基础，调查发现存在以下薄弱点：一是种养结构相对单一，农民增收渠道不宽，收入稳定性弱。现在，虽然各村均确定了特色主导产业，但农民增收效果不够明显，产业尚需培育壮大；农民务工收入占比大增，但受年龄及经济形势波动影响，收入不确定性较大。二是村级集体经济薄弱，村级组织负债运行现象较普遍；农业专业合作社凝聚力和向心力需进一步提升。

2）村庄绿化美化与环境建设方面。巩固农村环境整治成果面临诸多困难。一是农村公共环境卫生保洁难。农村面广，尤其是随着乡村旅游的加快发展，农村保洁压力增大。二是公共设施维护难。由于受到资金不足等各种因素制约，农村环卫设施得不到及时更新和修理的情况屡见不鲜。三是一些续接新农村建设项目成果发展起来的美丽乡村，在采暖、下水管网等方面与新建项目村存在差距，导致这些村庄环境建设存在一定难度。四是生活习惯改变难。个别村民长期以来形成的生活和卫生习惯尚难转变。

3）基础设施与公共服务能力建设方面。由于村级集体经济发展薄弱，许多公益设施运行和管护难度大，公益设施后续长效管理机制有待落实。一是有些地区由于各自然村之间距离较远，文体设施只在村委会所在自然村配备，使居民使用不便。二是受村级财务能力限制，个别设施负债运行或处于闲置状态，如大多数村的日间照料中心闲置，少数村负债运行。三是一定程度上存在体育健身器材重设置、轻管护，器材有不同程度受损现象。

4）和谐村镇建设方面。群众主体意识有待进一步提高。调查发现，个别群众对美丽乡村建设主体意识模糊，有人认为，美丽乡村建设是政府行为，群众只是配合，他们的积极性和主动性没有得到很好的调动和发挥。特别是在农村村庄整治和建设方面，农户的思想认识水平有待提高，还存在着随意建设、整顿清理难度大等问题。

2. 对策建议

（1）全方位增加农民收入。中央农村工作会议强调，小康不小康，关键看老乡。中国要富，农民必须富。[①] 作为美丽乡村建设的重要着力点和最主要任务，要把促进农民收入持续增长作为农村工作的重中之重，切实增加农民的各项收入。一是发展壮大现代农业，持续提高农业经营的效益，让农业真正成为有奔头的产业，促进农民家庭经营收入增加。二是推动就业创业，增加农民工资性收入。要坚持以市场为导向，扩大劳务经济发展空间，强化培训、职业介绍等劳务输出服务，科学布局劳务输出走向，引导推进农民进城务工，从而提高农民工资性收入。三是落实各项惠农政策，增加农民转移性收入。特别是结合当前脱贫攻坚各项工作，深入实施贫困村整村推进扶贫开发工程、产业化扶贫示范工程和“雨露计划”，强化贫困地区、革命老区、库区和移民安置区等重点地区的扶贫，提高困难群众的经济收入。健全完善农村社会保障制度，完善农村公共服务体系。四是加快产权改革，增加农民财

① 中央农村工作领导小组办公室．小康不小康　关键看老乡［M］．北京：人民出版社，2013.

产性收入。深入推进农村“三变”制度改革，鼓励农民通过土地经营权、资金、资产入股等方式建立农村合作经济组织，促进资本保值增值。

（2）发展壮大集体经济。发展壮大村集体经济是保障村级组织正常运转的重要基础，是提高村级组织“五有”建设水平的一项紧迫任务。要坚持科学发展、因村制宜的原则，以市场为导向，着力在盘活资源、土地流转、发展合作经济上下工夫，拓宽村级集体经济发展的新路子。一是依靠盘活集体资产资源增收。通过整合村集体林地、果园、机动地、闲置厂房等资源，发展租赁经济增加集体收入。充分利用“四荒”“四旁”等边角资源，通过统一开发、分户承包经营、收益合理分成的方式，发展用材林、经济林、中草药等边角经济，增加村级集体收入和群众收入。二是依靠发挥区位优势增收。引导各村充分发挥各自优势，发展各具特色的服务经济，拓宽集体收入来源，建成特色明显、竞争力强的专业村。三是依靠服务农业产业化经营增收。支持村集体牵头兴办农民合作社等各类村级集体经济组织，充分利用集体土地，通过集体自办、招商引资、能人领办、入股联营等形式，大力发展农业产业化项目，经营所得作为村集体经济收入；鼓励村级集体经济组织利用集体所有的农、林、水等资源，建设农业生产、加工、经营、服务设施和发展乡村旅游。积极推进产权化改革，盘活农村现有资产，变资产为资本，增加集体收入。

（3）加强农村公共服务设施建设和管护。一是进一步加强各种公益设施的覆盖范围，逐步实现各种公益设施由村级覆盖向自然村全面覆盖，以满足全社会人群的需求。二是转变基层管理部门重建设轻管理的思想观念，树立建管并重意识，加强对农村公共设施的管护和运营管理工作。同时，加大宣传教育引导力度，教育农民强化主体意识，切实摒弃只享受不管护思想，确保公共设施日常有人管、坏了有人修。三是创新方式方法，积极探索多元化管理新路径。因地制宜，探索采用专业管护、集体管护、义务管护等多种方式方法，充分调动和发挥农民的主体作用，强化农村公共设施的管护，提高设施使用寿命。四是多方筹措资金，解决管护投入问题。财政要合理分配好建设和管护资金的比例和使用区域，并多渠道地筹措资金，激励镇、村、群众投入资金加强基础设施的运行管护。对农村基础设施维护与管理的所有经费实行“县以奖代补，乡镇（街道）配套，向村、户（含企业）适当收取”的办法筹集。设立县级农村基础设施维护与管理的专项资金，各县财政根据各自财力增设农村基础设施维护与管理的专项资金，以“以奖代补”形式，滚动使用。乡镇（街道）、村根据财力情况相应配套补助资金。也可在饮用水等项目向农户收取一定费用来弥补乡镇（街道）、村维护与管理经费的不足。

（4）提高美丽乡村规划设计和实施标准。针对当前美丽乡村建设在规划设计和实施过程中存在的问题，一是要提高规划的设计标准。要综合考虑当前和未来发展需求，尽可能超前考虑美丽乡村的规划设计，保证农村各项基础设施建设能够满足较长时间内的发展需要。二是要注重规划设计的地域适宜性。注重规划设计与当地的自然资源和地理特点相结合，切实避免照搬照抄。三是要严肃规划的约束性，一旦实施，务必严格按照规划分期分批次实施，坚决杜绝实施大打折扣和随意更改规划等现象。同时，要加强施工过程和质量监管，确保美丽乡村建设取得切实成效。

（5）加强宣传教育，形成良好的氛围。美丽乡村建设不仅仅是个别部门和地区的重要工作，其更主要的是通过项目实施改善农村地区群众的生产生活环境。因此首先要通过宣传，引导群众认识到美丽乡村建设对其生产生活的好处，赢得广大群众的支持。同时，要引导群众积极参与到美丽乡村建设中，共同维护和建设更加美好的生产生活环境，进一步营造美丽乡村建设的良好氛围，共同建设美好家园。

第五章
美丽乡村建设的甘肃模式

由于不同地区在自然资源禀赋、地理气候条件、产业发展基础、社会经济水平及历史文化民俗等方面存在明显的空间差异，因此美丽乡村建设也必须在因地制宜和分类指导的原则下，明晰思路，准确定位，突出特色，因村施策，走各具特色和差异化发展的美丽乡村建设之路。目前，甘肃省美丽乡村建设如火如荼，已经在实践探索中形成了一些典型的特色发展模式。

一、康县“全域生态旅游模式”

生态旅游模式，即以打造全省生态环境最优美、村容村貌最整洁、产业特色最鲜明、社区服务最健全、乡土文化最繁荣、农民生活最幸福地区为目标，[①] 通过生态旅游、古村修复、产业培育、环境改善等途径，推动农村生态产业的培育与持续发展，推动农村人居环境的提升，全面实现美丽乡村的整体化建设。康县发挥“绿水青山特产多”的优势，秉持“绿水青山就是金山银山”的发展理念，把美丽乡村建设与特色产业发展、乡村生态旅游、精准扶贫、电子商务、乡村舞台建设等深度融合，逐步形成了“全县有亮点、乡乡有看点、村村皆景点”的生态旅游大景区。

1. 陇南市康县美丽乡村的建设基础

康县位于甘肃东南部，陕甘川三省交界金三角地带，全境处西秦岭南麓，全县共有21个乡镇350个行政村，5.86万户20.1万人（其中农业人口17.61

① 李琛奇．甘肃康县：生态产业化　美丽村连村［EB/OL］.［2018-04-24］. http：//www.ce.cn/xwzx/gnsz/gdxw/201804/24/t20180424_28922349.shtml.

万人），有汉、满、蒙古、回、藏、瑶、壮和维吾尔族8个民族在这里长期聚居。全县总面积2958平方千米，耕地面积31.26万亩，人均耕地1.76亩。境内最高海拔2483米，最低海拔560米。山多地少，属于亚热带向暖温带过渡气候，年平均气温12℃，年降水量742毫米，是西北地区生态环境最好的县之一，也是中国有机茶之乡、中国核桃之乡、中国绿色名县、中国黑木耳之乡、中国西北蚕桑重点基地县和中国最佳生态宜居旅游目的地、中国最美绿色生态旅游名县。[①]

康县历史沿袭悠久，地理区位重要。康县在夏、商、周三代属古雍州，汉武帝元鼎六年（公元111年）设平乐道（今平洛），隋唐时归阶州福津县，清初同阶州共属陕西管辖，康熙六年陕甘分治时随阶州划入甘肃省，民国十八年（1929年）置县，初名“永康县”，后裁“永”字为康县。康县历史文化特色鲜明，是西部游牧文明与中原农耕文化、古代氐羌文化与汉文化、秦陇文化与巴蜀文化的交汇之地，留存有大量的氐羌文化、茶马古道商贾文化、三国文化、北魏仇池文化、宋金文化、太平文化、红色文化。康南特有的男嫁女娶婚俗、梅园神舞、锣鼓草、长篇叙事民歌《花儿姐》等非物质文化奇幻多彩。康县东接陕西略阳、宁强两县，南邻四川，是我国西南通向西北茶马石道北线通道的必经之地，是川茶运往西北的重要交通枢纽。[②]

康县山川风光秀美，生态旅游资源丰富。境内温和湿润，雨量充沛，四季分明，冬无严寒，夏无酷暑，负氧离子充沛，全县森林覆盖率达70%，空气质量达到国家一级标准，是中国“北方的南方，南方的北方”，被誉为“养生天堂”“天然氧吧”和“陇上西双版纳”，是西部地区原生态的旅游胜地。境内生物资源非常丰富，有高等植物172科1000余种；有国家和省列珍贵树种28种，各种菌类96种；有天麻、杜仲等野生药材576种，国家野生保护动物数百种，是西北的天然生物园和野生动物园。2010年，康县被国家林业局评为“中国绿色名县”。康县无山不青，无水不秀，旅游资源非常丰富，富有“陇上江南”和“小九寨”之称，有白云山森林公园、龙神沟、梅园沟、清

① 相约魅力康县　共享美丽乡村［N］. 甘肃日报，2015-07-06.

② 庞智强. 美丽乡村建设的康县模式［M］. 北京：中国经济出版社，2016.

河、响水泉、托河溶洞等近百处自然和人文景观。① 以梅园沟为中心的阳坝景区被国家旅游局评为4A级生态旅游区，被甘肃省旅游协会和广电集团评为全省十大旅游景点之一；白云山省级森林公园名列陇南市十大重点景区之一。近年来，康县立足丰富的旅游资源，把建设生态旅游大景区作为实现转型跨越的着力重点，把民俗文化、自然资源、特色产业结合起来，把美丽乡村建设与发展乡村旅游结合起来，重点打造以百公里竹海生态风情线为纽带的观光览胜旅游、以阳坝4A级景区为龙头的康南生态民俗文化旅游、以县城为中心的康中乡村休闲旅游、以康北名胜古迹为重点的文化旅游，形成了东西相连的生态旅游大景区。

康县产业优势突出，特色农业发展基础好，是全国天然绿色食品生产基地，盛产核桃、木耳、茶叶、蚕桑、食用菌、花椒、天麻等特色农产品。核桃种植跻身于全国重点核桃基地县的行列，茶叶以无污染、品质佳、口感好享誉省内外，被甘肃省政府命名为“全省无公害农产品（茶叶）生产示范基地县”。“康阳”牌绿茶被中国农科院认证为有机茶品种；蚕桑种养历史悠久、经验丰富、产量高、品质优，胡锦涛等党和国家领导人曾亲临蚕桑基地视察。“康县黑木耳”获国家地理标志产品保护。康县的罐罐茶、豆花面、散面饭、二脑壳酒等特色美食风味独特。

2. 陇南市康县全域生态旅游模式的内容

康县立足“山大沟深耕地少”的劣势和“绿水青山特产多”的优势，认真落实创新、协调、绿色、开放、共享“五大发展理念”，秉持“绿水青山就是金山银山”的发展理念，按照“统筹城乡一体发展、建设生态美丽康县、打造整县生态旅游大景区”的思路，把美丽乡村建设与特色产业发展、乡村生态旅游、精准扶贫、电子商务、乡村舞台建设等深度融合，通过党委统领、部门帮建、群众主体强力推进，截至2018年5月，全县已建成各类美丽乡村321个，占全县的91.7%，4.3万户群众实现了安居乐业，占农村4.7万户的

① 甘肃发展年鉴编委会．甘肃发展年鉴2010［M］．北京：中国统计出版社，2010.

92%[①]，逐步形成了“全县有亮点、乡乡有看点、村村皆景点”的不要门票的生态旅游大景区[②]，用诗情画意破解了发展难题，探索出了一条贫困山区脱贫致富奔小康的道路。康县先后获得国家级生态建设示范区，国家全域旅游示范县，全国休闲农业和乡村旅游示范县，国家农村一、二、三产业融合发展示范县，全国农村精神文明建设示范县，全国结合新型城镇化开展支持农民工等人员返乡创业试点县，中国茶马古道文化之乡等荣誉称号。[③]

（1）遵循生态理念，突出自然特色。康县坚持“生态为基、发展为要、民生为本”的发展战略，以“统筹城乡一体发展、建设生态美丽康县、打造整县生态旅游大景区”为目标任务，根据城镇郊区、公路沿线、旅游景区、高半山区等地域不同特点，确定了古村保护型、生态旅游型、环境改善型、产业培育型、易地搬迁型5种建设类型，围绕房、路、水、电、产业等，对全县350个村进行统一规划、分年建设、整体推进，把路、房、网等基础设施和垃圾处理、医疗室、理发室、村级幼儿园、农村文化广场、村级阅览室、便民超市、电子商务信息平台、村史馆等公共服务设施全部纳入规划，既突出生态特色，又不搞千村一面，[④] 彻底改善了人居环境，使康县成为“宜居宜业宜游”的美好家园（见图5-1）。

（2）项目资源整合，发挥聚集效应。康县属国列贫困县，在自有财力十分有限、项目资金紧缺的情况下，建立了有效的资源整合机制和部门协作机制，统筹各类项目、资源和力量办大事、办难事。康县把财政一事一议奖补、扶贫以工代赈、扶贫整村推进、农村道路建设、农村危旧房改造、农村安全人饮、农村文教卫生等项目资金整合起来，坚持“集中管理、分类申报、渠道不乱、用途不变、各记其功”的原则，每年整合投资超过1亿元，每户均投资3~5万元，县财政按比例配套推进美丽乡村建设。按照经济发展产业化、

①③　魅力康县　美丽乡村［EB/OL］.［2018-05-18］. http：//gs. people. com. cn/BIG5/n2/2018/0518/c358184-31594223. htmlhttp：//gs. people. com. cn/GB/n2/2018/0518/c358184-31594223. html.

②　康县美丽乡村建设经验泽惠他乡．陇南康县微信公众平台［EB/OL］.［2018-05-08］. https：//mp. weixin. qq. com/s？_biz = MjM5MDE1NTAzNg = = &mid = 2651376949&idx = 1&sn = e13922d87a3f0c61fc3d 03ed95dcdfbe&chksm = bdb545468ac2cc50fc4bbfdf97d82647d67397b621825a349fe93c5a88ad1e4c4e911f397406&mpshare = 1&scene = 1&srcid = 0508tOOn9mqOUO1mpW64dx7N&pass_ticket = GOnvMse%2Bw0OCT%2BullejjioRm34iL4szJ8 Hj-duNhetWRTS3rmFNNSAKjUvjH4yrcG#rd.

④　美丽乡村建设彰显康县魅力［N］. 陇南日报，2016-03-15.

图 5-1　康县岸门口镇朱家沟村

图片来源：康县人民政府网站，http：//125.74.215.8/ueditor/net/upload/image/20180702/6366613933643190916259422.jpg.

基础设施配套化、家庭院落花园化、村容村貌园林化、村风民风和谐化、管理机制长效化的“六化”建设重点，每年集中新建 40 多个村、完善提升 20 个左右的村，通过连续五年的苦干实干，硬化通村道路 360 千米、村内主干道路 264 千米、入户道路 619 千米，拆除危旧房 6426 间，改造危旧房屋 74110 间，改造庭院 14556 户，修建护村河堤 113 千米、排水排洪渠 39173 米，修建便民桥 166 座，改造桥梁风貌 121 座，安装太阳能路灯 1889 盏，建沼气池 1117 座，修建文化广场 667 个、村史馆和家史馆 39 个、垃圾房 623 个、公厕 243 座、农家书屋 191 个、理发室 18 个，建成连接县与县、乡与乡的旅游公路 72 条 488 公里，实施农村人饮工程 152 项，改扩建和新建学校 28 所，建成村卫生室 128 个，改造架设农电线路 56.3 千米，新建覆盖 21 个乡镇和部分重点村社的通信基站 45 座，改造贫困户危旧房屋 25939 间、庭院 11927 户，推进了美丽乡村建设（见图 5-2）。①

（3）坚持群众主体，激发主观能动性。按照“统一规划、分户实施”的思路，基础设施和公益设施由帮建单位投资，群众投工投劳；入户巷道建设、房屋风貌改造和庭院硬化等工程，由财政补助分户实施，按照奖励补助办法，公开公正透明地落实奖补资金，一视同仁，阳光操作，充分调动了群众的积

① 美丽乡村建设彰显康县魅力［N］. 陇南日报，2016-03-15.

图 5-2　康县城关镇凤凰谷村

图片来源：陇南康县县委办公室。

极性，形成了乡镇、村组和农户多层次赶超发展的局面。美丽乡村建设中突出保护原生态风貌，尊重自然，留住乡愁，不埋泉、不砍树、不挪石、不毁草，不搞大拆大建，依村就势、就地取材建设，充分发挥群众的主观能动性，创造性地推进美丽乡村建设，利用废旧的瓦片、砖块、河道的石头和当地树枝、竹片等精细打造，既量力而行降低了建设成本，又立足实际打造了特色亮点。

（4）特色产业富民，促进群众增收。围绕把康县富集的特色资源优势转化为经济发展优势，谋划发展茶叶、核桃、花椒、蚕桑、天麻、黑木耳、中药材、草畜养殖、大鲵养殖等特色富民产业和乡村旅游，通过政务微博微信、电子商务扩大生态绿色产品市场，至 2016 年底全县已累计发展核桃 59.5 万亩、花椒 26.5 万亩、茶叶 6.085 万亩、蚕桑 3.98 万亩、天麻 1.48 万亩、中药材 3 万亩、黑木耳 10 万架，发展生猪、牛羊、鸡鸭等畜牧养殖 30030 户，发展大鲵养殖 635 户，人工养殖大鲵 7.5 万尾，蔬菜、板栗、小杂粮等产业稳定发展。采取奖励补助措施，对全县 350 个村 90 多万亩经济林进行四季全覆盖综合管理，开展核桃树嫁接换优，促进了特色产业提质增效。大力发展绿色工业园区，在扶持独一味公司发展的基础上，实施恒丰 5 万吨核桃乳加工项目、兴源土特产综合加工项目、华彩彩印包装项目等 4 个新建项目和 2

个改扩建项目，2015年园区总产值达到10.8亿元，上缴税收7600万元，恒丰公司年产5万吨的核桃乳生产线正式建成投产，有效解决了核桃的销路问题。

（5）坚持乡村文明，弘扬先进文化。针对农村各类文化需求，以先进文化为引领，根据全县350个村不同的文化资源、乡土风情和民俗特点，统筹规划建设乡村舞台，既注重保持原生态风貌，又注重保护古树名木、古街古庙、古房古楼和文物景观，截至2016年全县建成民俗文化传承型、乡村旅游产业型、生态文化致富型、综合文化服务型、古村保护型五类“乡村舞台”317个，建成21个乡镇综合文化站、166处村级文化大院，建设村史馆、家史馆39个，打造了“一村一品”的特色文化品牌，建成了90个建制村标准化卫生室。针对农村群众不良的生活习惯，组织开展了“四新竞赛”“六争六评”“一日五问”“小手拉大手”等活动，以美丽乡村建设为载体不断深化农村精神文明建设，全县呈现出产业美、环境美、传承美、风尚美的新景象。[①] 目前，农村群众不仅养成了整洁干净、健康向上的生活习惯，而且跳广场舞、唱大戏，文化生活丰富多彩，极大地激发了群众求知求富求乐的愿望，增强了他们脱贫致富建小康的不竭动力。

（6）依托美丽乡村，构建全域旅游。一是着力打造美丽乡村旅游版。瞄准乡村旅游大市场，把每个村庄、每条村道、每座桥梁、每片绿化区、每幢房子，甚至每扇门窗都当作一个景点或景观精心设计打造，注重保护乡村风貌、文化内涵和乡音乡愁，以美丽乡村建设为切入点，着力发展全域旅游。二是着力建设重要景区和核心景点。加快阳坝旅游小城镇综合试点改革，加强交通通信和旅游服务等硬软件设施建设，实施“茶博园”“北茶绿洲”、国家级湿地公园、古街改造等建设工程，完善了阳坝核心景区的旅游接待、服务和体验等功能；集省、市、县、乡、村五级资源重点打造长坝花桥乡村旅游培训示范基地，现已将花桥村打造成集“赏自然风光、宜休闲度假、可体验民俗、能购农特产品”于一体的国家4A级景区，成为甘肃全域旅游的亮丽名片；完善提升县城白云山省级森林公园，开发了凤凰谷生态农庄体验型、

① 美丽乡村建设彰显康县魅力［N］. 陇南日报，2016-03-15.

大水沟美丽乡村感受型、何家庄环保工业观光型、油坊坝景区休闲养生型、严家坝特色农业观光型等一批高品质乡村旅游新景点，构建了全县生态旅游大景区。三是着力打造150千米生态旅游文化风情线。以全域旅游的理念，立足独具特色优势的生态资源，坚持春季栽、四季管，将境内三百里国省县道公路沿线景观带的打造纳入统一的发展规划，栽植银杏、竹子、松柏、杨柳等各类苗木，建成了生态旅游文化风情线，建成亭、廊、小径、休闲健身广场等旅游重要节点28个，串联起69个美丽乡村，形成了康北历史文化游、康中田园观光游、康南生态风情游的互融互通网络格局。四是着力增加乡村旅游文化内涵，坚持将历史文化与旅游业相结合，根据不同的人文历史资源和民俗文化，建设村史馆、家史馆39个，建成乡村舞台317个、村级文化大院166处、村级文化小广场240多个，乡镇综合文化站实现全覆盖，村级组织活动室、文化活动室、农家书屋实现行政村全覆盖。有效推进乡村历史文化、民俗文化、红色文化、生态文化与旅游产业深度融合，使全域旅游因悠久厚重的文化底蕴更加生动。①

（7）经营美丽乡村，助推精准扶贫。按照“生态建设产业化、产业发展生态化”的原则要求，推进“农旅互动、工旅互通、商旅互赢、文旅互融”，积极推动美丽乡村建设成果向经营成果转化。一是完善旅游产业要素。着眼提升旅游服务接待能力，实施“十村百户千床”乡村旅游示范工程，及时对接消费者需求发展好农家乐和农家客栈，使游客吃、住、行游等问题逐步得到有效解决；不断完善景区景点通信宽带等基础设施，在已建成的旅游示范村成立乡村旅游公司，将它们重点打造为乡村旅游示范基地和自驾游基地，更好满足了市场游、购、娱等多元化需求。二是大力发展生态产业。着眼于建设“绿色银行”，按照“整县核桃、南茶北椒，区域优势、做精做优”的发展思路，依托独一味循环经济工业园建设循环经济项目，不仅成为工农业旅游观光景点，而且就近就地解决了群众就业，实现了企业增效、财政增税、农民增收。以产业融合发展理念积极推进“互联网+”，以农特产品销售为主大力发展现代物流和电子商务，全县促进直销代销网店、微店、电商企业、

① 从绿水青山到流金淌银［N］. 甘肃经济日报，2016-08-23.

物流快递企业、乡镇物流配送服务点等发展，明显带动了群众就业。三是创新旅游扶贫模式。探索完善“政府引导+公司运营+农户联动”“协会+农家客栈+农户（贫困户）”“能人大户+企业+贫困户”和“互联网+电商+乡村旅游+产业开发”等旅游扶贫模式。截至 2016 年底，全县乡村旅游已带动 863 户建档立卡贫困户发展种养业，带动 5350 名劳动力实现当地就业，3200 多名贫困人口实现了家门口就业，直接和间接从事乡村旅游的贫困户 4659 户，占全县建档立卡户的 49.2%，户均增收超过 1 万元，实现了“离土不离乡、就业不离家、就地城镇化”，有效推动了农村发展和农民致富，部分解决了农村空巢老人和留守儿童等社会问题。[①] 全县农民人均可支配收入从 2011 年的 2458 元增加到 2015 年的 5032 元，5 年共减贫 4.54 万人。[②]

3. 典型经验

康县立足县情，坚持“生态为基、发展为要、民生为本、党建为先”的方针，创新推进美丽乡村建设，坚持整体规划、分年建设、领导包抓、群众主体、生态为本。依村就势、就地取材，彰显特色，加大对传统村落民居的保护力度，同步推进基础设施和公共服务设施建设，成为甘肃美丽乡村建设的一张名片。

（1）坚持人与自然协调发展。康县把人与自然协调发展作为美丽乡村建设要遵循的基本原则，突出村庄原生态风貌保护，坚持“不砍树、不埋泉、不毁草、不挪石”的“四不”原则，依村就势，因户施策，在建筑材料上，充分利用废旧的瓦片、河道的石头和干枯的树枝、竹片等材料精细打造，注重生态环保，配套花栏，栽植花草，看得见山水，留得住乡愁，打造凸显田园风光、宜居宜游的美丽乡村。坚持老村重在改造，新村重在建设，古村重在保护，达标村注重改善基础设施条件，示范村注重配套完善公共服务功能，

---

① 提升乡村魅力　释放生态红利 [N]. 甘肃日报，2016-07-24.

② 甘肃康县 2016 年全面小康暨美丽乡村建设成果发布 . 陇南康县微信公众平台 [EB/OL]. [2016-12-25]. https://mp.weixin.qq.com/s?_biz=MjM5MDE1NTAzNg==&mid=2651366037&idx=1&sn=d97d7b50a310d131c326cc857ee1b3c2&chksm=bdb52ae68ac2a3f03ef63ae22c 992551aa0dc9a27c0cab75ecb5e0626e26cdfbf 0c5ddd88883&mpshare=1&scene=1&srcid=1225ufAyUgWRgZ3EcRb3ztSa&pass_ticket=GOnvMse%2Bw0OCT%2BullejjioRm34iL4szJ8HjduNhetWRTS3rmFNNSAKjUvjH4yrcG#rd.

精品村注重洁化、绿化、美化、亮化和产业发展，充分展现了鸟语花香、山清水秀的田园风光，以及人与自然和谐相处的美好画卷。①

（2）坚持规划引领。康县在美丽乡村建设中，突出规划的引领和指导作用。他们打破城乡分割的思维惯性，以长远眼光统筹谋划城乡发展，立足生态旅游发展优势，明确了发展定位、发展目标和发展重点等，高起点、高标准地编制发展规划。康县将全县作为生态旅游大景区来精心打造，依据不同地域特色确定 350 个行政村差异化的建筑内容、建筑标准和建筑风貌。坚持经济与生态协调、生产与生活并重、民俗与地理融合，探索出了符合不同乡村实际的古村修复型、生态旅游型、环境改善型、产业培育型、易地搬迁型建设模式，使每个乡村都因地制宜地成为独具特色的美丽乡村。

（3）因地制宜选择适宜的发展路径。康县美丽乡村建设既不是盲目追随东部发达地区既有的发展模式，也不是妄自菲薄建设“千村一面”的美丽乡村，而是根据不同乡村地理地貌、历史文化、发展优势等综合谋划差异化发展思路和路径，将全县美丽乡村建设分为古村修复型、生态旅游型、环境改善型、产业培育型、易地搬迁型五种类型。古村修复型主要对一些具有一定历史文化背景的村庄，注重扶贫开发、土地利用、基础设施与历史文化、传统村落保护等规划相衔接，突出文化品位的挖掘，既保持当地山水风光、乡土风情、民俗风韵和传统风貌，又保护古城、古街、古楼、古坊和古树名木等景观。如对岸门口镇严家坝村 2800 多年的银杏树、长坝镇花桥村 1000 多年的菩提树、白杨乡枫岭村 1500 多年的金桂、铜钱乡罗坪村千年紫藤等古树名木进行保护，打造了富有特色的景观。生态旅游型主要对一些交通便利、自然环境优美的村庄，注重村容村貌园林化、基础设施配套化、家庭院落花园化，依托原生态的自然风光优势，动员有条件的村民发展农家乐和家庭旅馆，发展美丽乡村生态游、农家休闲游、农事体验游、田园观光游和民俗风情游。环境改善型主要对一些基础设施和生态环境相对滞后的村庄，按照安全、适用、经济、美观、协调相结合的原则，重点推进房屋风貌改造、道路硬化、空地绿化、庭院硬化美化、危旧房拆除和卫生整治，使总体风貌大体

---

① 齐洪德．康县：清新美丽的画里乡村［N］．甘肃法制报，2015-01-09.

统一，整齐美观，各具特色。产业培育型主要对一些基础设施配套、建设档次较高的村庄，立足资源优势，每个村突出1~2个主导产业，大力扶持特色富民产业提质增效，强化产业支撑，促进可持续发展。[①] 易地搬迁型主要对居住分散、交通不便的村庄，注重细化主体功能区定位和经济社会发展长远规划，实施整体搬迁或者撤并集中，统筹考虑基础设施、公共服务和产业培育，改善人居环境。

（4）循序渐进建设美丽乡村。康县根据各村不同的自然环境、基础设施、文化特色和产业基础等，按照精品村、示范村、达标村三个标准和层次确定建设内容、建设标准和创建方式。精品村要求房屋风貌改造、道路硬化、空地绿化、庭院改造美化、危旧房拆除、危旧房屋改造、门前卫生三包率达到100%，产业配套，乡风文明，村名等各种标识牌齐全，管理制度健全，管理规范。示范村要求道路硬化、庭院硬化美化、门前卫生三包率达到100%，危旧房拆除、危旧房屋改造率达到80%，产业配套，乡风文明，村名等各种标识牌齐全，管理制度健全，管理规范。达标村要求村内主干道路平整畅通，道路硬化、绿化，危旧房屋改造率达到60%，危旧房拆除率达到80%，门前卫生三包率达到100%，产业配套，乡风文明，管理制度健全，管理规范。

二、甘南州生态文明小康村模式

甘南藏族自治州在美丽乡村建设中，突出保护原生态风貌，将生态理念融于民居、经济、环境、文化等各领域，节约资源能源消耗，最大程度降低对自然生态环境的影响，打造以舟曲县巴藏乡各皂坝村为代表的“生态文明小康村模式”。

1. 舟曲县巴藏乡各皂坝村美丽乡村建设基础

舟曲县位于甘肃南部，地处西秦岭岷、迭山系与青藏高原边缘，东接陇南，西连迭部，北邻宕昌，南通四川九寨沟。全县总面积3010平方千米，辖

① 庞智强．美丽乡村建设的康县模式［M］．北京：中国经济出版社，2016.

4个镇、15个乡，208个行政村，403个自然村，总人口14.2万人，其中藏族人口5.04万人，占35.8%，是国家级扶贫重点县。[①] 历史悠久，资源富集，风光灵秀，潜力巨大，享有“藏乡江南”之美誉。在甘南州的舟曲县巴藏乡前北山村有一个名叫各皂坝的地道藏族村庄。2016年，县政府把这个村纳入生态文明小康村建设之后，这里群众的生活发生了巨大的变化。这个村共有76户280人，藏汉杂居，以藏族为主，耕地面积263亩，村落地势平坦，建筑风格别具一格，具有白龙江上游藏民族的典型特征。

2. 舟曲县各皂坝村的生态文明小康村建设

各皂坝村将生态文明小康村建设与精准扶贫、环境卫生整治、特色产业培育等各项工作紧密整合，突出保护原生态风貌统筹推进，采取试点先行的工作模式，全面实施了“生态人居、生态经济、生态环境、生态文化”四大工程，形成了“天蓝地美水清、村美院净家洁”的秀美画卷，实现了乡村美丽、群众富裕的新发展，擦亮了“山水新舟曲、藏乡小江南”的招牌。

村容村貌全面改善。由于坚持了生态优先原则，这里过去巷道狭窄，泥泞难行，三轮车都无法通过，经过村民自发留出宅基地拓宽巷道、推进生态文明小康村建设、环境卫生综合整治和全域旅游无垃圾创建，现在变成了宽敞明亮、干净整洁的六尺巷，改变了以往村内卫生脏、乱、差的局面，有效改善了群众的生产生活条件。漫步在拓宽的村道两旁，道路两旁的痕迹都是村民自发留出来的宅基地，让原本只能单人通过的道路，整整拓宽了六尺。步入村中，平坦整洁宽敞的村道上，映入眼帘的是一排排用小石块砌起的石墙，精致靓丽、特色鲜明。村里还实施了村道硬化、庭院绿化、田园美化、村容亮化工程，从根本上改善人居环境和生产生活条件（见图5-3）。目前，精致靓丽的石头墙、一尘不染的村道、错落有致的绿化景观带，让各皂坝村的美丽乡村建设跑出了加速度，各条风景线精彩绽放，使这里的美丽正在成为当地百姓的核心品牌。

藏族民居独具特色。近两年来，通过县上投资和群众自筹，各皂坝生态

① 毛锦凰，孙光慧．甘肃民族地区经济社会发展研究［M］．北京：中国社会科学出版社，2017.

图 5-3 甘南藏族自治州舟曲县巴藏乡各皂坝村巷道

图片来源：中国甘肃网，http：//gansu. gscn. com. cn/system/2017/11/20/0118 50693. shtml.

（文明）小康村建设已投入 1800 多万元，每户群众补贴 2.7 万元，用于房屋修建翻新，改变了过去没有下水道、没有自来水、院墙是土墙的旧面貌，解决了居所与圈舍在一起的脏乱局面，而给每户统一配发垃圾箱，指定专人定期回收处理，更使全村人居环境进一步改善，村容村貌发生了巨大变化。在当地政府的带领下对所有村民住房进行了特色化改造，深挖当地传统建筑文化，充分尊重当地民风民俗，维修亮化藏式传统民居，打造风格多样、形态各异的石头建筑，这些石头全部就地取材，形成了集白龙江上游藏羌民族建筑特征的“石头文化”。全村 76 户村民都住上了富有民族特色的新房子。

富民产业快速发展。舟曲县四季分明，光照充足，雨量充沛，是大果樱桃栽培的适生区。各皂坝村的核桃是被农业部农产品地理标志登记认证的“舟曲核桃”。按照“一村一品”的发展思路，全村共有 270 多亩核桃园，园内优质果率在 90%以上，树龄最长的达到一百多年，在盛果期，每棵树能挂果 500~1000 斤，每年能为村民带来约 80 万元的收入。村民还因地制宜种植花椒、柿子，养殖土鸡、土蜂，这些均可获得国家相应的政策补贴。未来该村准备依托春节民俗活动等人文内容，继续发展包括采摘体验、休闲观光、康体养老、乡村旅游等产业，实现收入持续增加。

社会文化生活丰富多彩。各皂坝生态文明小康村的文化墙形式多样、内容丰富、朴实亲切，特别是把地方特有的民俗、宗教、服饰等文化元素展现其上，惟妙惟肖、亲切朴实（见图 5-4）。[①] 各皂坝村还修建有别具特色的文化休闲广场，村里处处都体现着人文与生态，彰显着绿色与环保，倡导着文明与和谐，每一个角落都是一个亮点，每一户人家都是一处景点。

图 5-4　甘南藏族自治州舟曲县巴藏乡各皂坝村村口

图片来源：中国甘肃网，http：//gansu. gscn. com. cn/system/2017/11/20/011850693. shtml.

3. 典型经验

以各皂坝村为代表的甘南州在美丽乡村建设中取得了明显的成效，经济更加发展，生态更加优美，社会更加和谐。

（1）创建全域无垃圾示范区。甘南全域无垃圾示范区的创建和环境卫生综合整治取得明显成效，聚焦城区、乡村、景区、公路、河道五个重点，大打环境卫生“翻身仗”，彻底整治“脏乱差”，实现了青山绿水“全域无垃圾”的预期目标。

（2）创建全域旅游示范目的地。围绕“突出民族特色、展现历史文化、体现生态山水”三大优势，旅游节会精彩不断，成功举办香巴拉艺术节、锅

① 金鑫．今日藏乡更秀美［N］．甘肃农民报，2017-02-21.

庄舞大赛、赛马大会等一系列节庆赛事活动，并成功获得“最美中国·推动全域旅游示范目的地”称号，文旅综合收入实现“井喷式”增长，2017年旅游人数达到1100多万人次，旅游综合收入50亿元，分别增长15%、20.2%。

（3）发挥好基层党组织作用。各皂坝村“以党建为龙头、以群众为基础、以产业为支撑、以致富为目标”，着力加强村级组织建设，全面改善村庄基础设施和公共服务条件，形成了以党风带民风，以民风促村风的良好风尚，曾被评为“甘南州民族团结进步示范教育基地”，2014~2016年连续3年在巴藏乡经济工作会议上被乡党委评为“巴藏乡党建工作先进支部”，美丽乡村建设成效显著。

三、金川区的城乡融合模式

城乡融合模式，即发挥农村处于城市郊区的区位优势，以及城市消费容量和潜力大的市场优势，从规划编制、产业发展、基础设施、公共服务等多方面实现城乡融合，打造城乡融合发展的美丽乡村。金昌市金川区美丽乡村建设的城乡融合模式，就是发挥金昌市城乡一体化发展基础较好的优势，金川区是传统工业大区，城镇化水平高，呈现“大城市、小农村”的城乡格局，具备较强的“以城带乡、以工哺农”的发展优势，区内乡村发展“菜篮子”和“城市后花园”有得天独厚的条件，农村地处城市郊区的有利区位条件，通过城乡统筹谋划、融合共赢发展建设美丽乡村。

1. 金昌市金川区美丽乡村建设的基础

金川区是金昌市委、市政府所在地，也是甘肃重要的工业区，有着较好的产业发展基础，是全国最大的镍钴生产基地和铂族贵金属提炼中心，以及国家级新材料产业基地、国家级经济技术开发区、国家级新型工业化产业示范基地、北方最大的铜生产基地。金川区集中了金昌市主要的工业和服务业，城镇化水平较高，呈现出“大城市、小乡村”的特点，城乡居民收入水平较高，这就为全区“以工哺农、以城带乡”奠定了良好的物质基础，为在美丽乡村建设中发展“菜篮子基地”和“城市休闲后花园”提供了良好的条件。[①]

（1）地理环境。金川区是金昌市政治、经济、文化、社会活动的中心，辖2镇（宁远堡镇和双湾镇）、27个行政村，耕地面积25万亩。金川区地势自西南向东北倾斜，西南为山地，中部为低山丘陵、山间盆地、绿洲平原（主要农作物种植区），东北部为戈壁、荒漠、半荒漠草原。地理环境特点表明，金川区美丽乡村建设有独特的城郊区位优势。

（2）经济水平。2016年，金川区有23.36万人口，其中，乡村人口4.8万人，城镇化率达79.45%。全区工业以冶金、化工、建材、电力、食品为主，郊区农业主产小麦、甜菜、辣椒、大蒜等，盛产瓜果，是甘肃省高原无公害蔬菜生产基地。2016年，全区实现生产总值141.9亿元，同比增长6.8%，三次产业结构为3.9∶61.03∶35.07，完成社会消费品零售总额57.04亿元，同比增长9.3%，一般公共预算收入4.3亿元，农村居民人均可支配收入15600元，充分体现出“以工哺农、以城带乡”的发展优势。

（3）生态环境。金川区位于河西走廊东北部的内陆石羊河流域，地势由西南向东北倾斜，戈壁绿洲相间，山地平川交错。金川区冬冷夏热，日照充足，金川河在永昌县北部流经金川峡，虽然地表水匮乏，但境内有野生动物200余种，野生植物也非常丰富，其中食用野生植物有蕨菜、蘑菇、沙葱、发菜等，药用野生植物有枸杞、草参、锁阳、甘草、麻黄等。长期以来，自然生态环境的稳定为美丽乡村建设提供了非常有利的外部环境，而干旱缺水的地理条件又为美丽乡村走绿色生态可持续发展道路提出了客观要求。[②]

（4）历史文化。金川河流域在距今4000年前就有人类繁衍生息。汉武帝时霍去病两出河西并击败匈奴置郡设县，西汉至三国魏时期属张掖郡番和县，西晋至十六国前凉时属武威番和县，雍正时（1725年）设宁远营，属凉州府永昌县。[③] 金川区是我国古丝绸之路的重镇，地处我国通往西部的重要交通要道，历史遗留的三角城遗址、大庙城遗址、黑水墩等烽燧及烽火台遗址、古

①② 鲁雪峰．特色小镇的发展目标与建设策略——以金昌市为例［J］．开发研究，2018（2）：123-128.

③ 走进金川—历史沿革［EB/OL］．［2018-12-07］．http：//www.jinchuan.gov.cn/zjjc/lsyg/201410/t20141013_22203.html.

墓葬与文物等体现了历史上的繁荣与辉煌，这些成为美丽乡村建设的深厚历史文化根基。①

（5）乡镇概况。金川区辖宁远堡和双湾两镇，其中，宁远堡镇位于金川区西南部，环绕市区，面积960平方千米，其中耕地4.6万亩，辖14个行政村，总人口2.7万，2016年农村居民人均可支配收入15702.5元。截至2017年3月，宁远堡镇已建成1个省级示范村（中牌村）、1个市级示范村（新华村）。双湾镇位于金川区东13千米处，总面积1260平方千米，其中耕地12.8万亩，辖13个行政村，总人口2.5万，2014年农村居民人均可支配收入15580元。截至2017年3月，双湾镇已建成4个省级示范村（陈家沟村、古城村、营盘村、天生炕村）、2个市级示范村（营盘村、九个井村）。

2. 金昌市金川区美丽乡村建设的城乡融合模式

美丽乡村建设以来，金川区以"公共服务便利、村容村貌洁美、田园风光怡人、生活富裕和谐"为目标，加强以城带乡、城乡互动，全力打造以"市民菜篮子基地""城市休闲后花园"和"农民生态和谐幸福家园"为发展定位的城乡融合型美丽乡村。截至2017年3月，金川区先后高标准建成了6个省级美丽乡村示范村和3个市级示范村，走出了一条城乡融合发展建设美丽乡村的成功之路。②

（1）全区全域规划，统筹城乡发展。金川区牢固树立规划先行的理念，基于宁远堡镇和双湾镇地处城市郊区、农村地域面积小、农业人口少、城乡关联互动程度高的优势，坚持城乡全域统筹，以城乡融合发展的思路，将农村发展整体纳入城乡发展规划当中，总体布局和协同谋划城乡发展，形成了"一盘棋"发展格局。金川区坚持将有关城乡发展的各类规划有机衔接，确定了"中心城区——环城区——近郊区——远郊区"功能布局明确、分层梯度推进、开放互通融合的城乡空间体系（见图5-5）。其中，中心城区是全市城乡商品贸易、物流集散、文化服务等综合性经济区；宁远堡镇是主要为中心城区提供配套服务的特色中心镇；双湾镇是农产品精深加工、农村商贸服务

①② 鲁雪峰．特色小镇的发展目标与建设策略——以金昌市为例［J］．开发研究，2018（2）：123-128.

型特色中心镇（见图 5-6）。以金川区全域城乡一体化发展总体规划为框架和基础，依据国家美丽乡村建设的部署和要求，金川区因地制宜制定了《金川区改善农村人居环境工作实施方案》《金川区美丽乡村示范村建设实施方案》、各试点村《试点工作方案》等，明确了“千村美丽、万村整洁、水路房全覆盖”三个层面的建设任务，统筹考虑各示范村资源禀赋、基础条件、特色优势，规划建成了陈家沟、中牌村、天生炕村和营盘村等美丽乡村示范样板。①

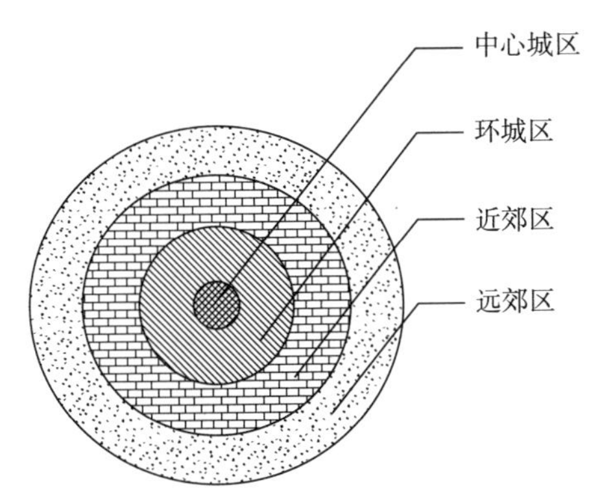

图 5-5　金昌市金川区城乡空间布局

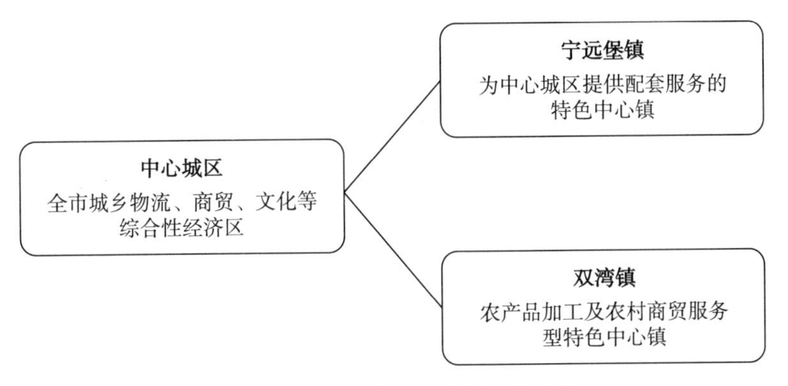

图 5-6　金昌市金川区区域功能定位

（2）社会事业发展，城乡服务均等。加快建设农村新型社区。金川区以城市社区的理念治理农村，努力推进城乡公共服务均等化，已在 27 个村成立

① 鲁雪峰 . 特色小镇的发展目标与建设策略——以金昌市为例［J］. 开发研究，2018（2）：123-128.

了农村社区，社会救助、农村低保、合作医疗、党员教育等公共服务全部由农村社区提供一站式服务。积极做好普法、信访、维稳、安全生产等工作，社会环境和谐安定，乡风文明更加和谐。其中，双湾镇九个井村以新型农村社区为平台，以城市社区标准建设农村社区，完成了便民超市、农家书屋、党员电教室、文体广场和文化大院“六个一”社区标准化建设，规范设置了“一室一会四中心”，并配套了高标准办公设施。实行“一站式审批、窗口式办公、一条龙服务”，进一步规范社区服务流程和标准，为群众的生产生活提供全方位服务，使农村社区真正成为党员之家、居民之家，真正做到了农村社区城市化管理。大力繁荣农村优秀文化，送电影下乡、送文化下乡和村办文化活动蓬勃开展，“村村通”广播电视入户率达100%，公共文化服务体系建设不断完善；深入开展“集中排查调处矛盾纠纷”活动，形成了依法治村、民主管理、民主监督的良好工作格局，保障了社会的稳定。

推进城乡公共服务均等化。双湾镇坚持把改善民生，实现城乡公共服务均等化作为提高人民群众幸福感的重要途径，不断健全村级“三委一会”运行模式，切实提高公共服务质量和效率。全面完成教育资源整合，对5所小学实施撤并，实施了中小学、幼儿园的标准化建设，教育教学条件不断改善，城乡教育差距逐步缩小。镇中心卫生院全面推行“家庭医生式”服务模式，执行药品零差价销售政策，医疗卫生公共服务水平不断提升，有效降低了全镇重大疾病发生率；多方筹集资金，扎实开展村级卫生室标准化建设，全面改善农村就医环境，提升基层医疗卫生服务水平，村级卫生室标准化建设实现全覆盖。认真落实各项惠农政策，加大社会救助力度，完成农村低保提标工作，月人均标准提高至343元，农村低保户、五保户实现镇中心卫生院免费医疗。新型农村合作医疗保险参保率达96.82%，城乡居民基本养老保险参保率达97%以上。建立了城乡一体的户籍登记管理制度，常住人口城镇化率达75.2%，户籍人口城镇化率达74.4%。加强文化阵地建设，各村都建起“农家书屋”，各村文体活动场所完善，有经常性文体活动，农民群众精神文化生活进一步丰富。

（3）基础设施改善，城乡共享便利。金川区在美丽乡村建设中推进城乡在水、电、路、网等方面的统筹共建。结合农村危房改造项目，持续推进农宅建设，并配套跟进水、电、路、环卫、绿化等基础设施建设，在宁远堡镇东湾、龙景、油籽洼、下四分、宁远和双湾镇龙源、新粮地、天生炕、龙口9个村，共完成农宅建设1560套，建成保障性住房3860套，全区累计建成新农宅达13100套，新农宅覆盖率达到90%以上（见图5-7）。同时，完成宅前道路硬化36.7千米、宅前铺装18.8万平方米，配套完成绿化、环卫等基础设施，使全区100%的行政村通上了水泥路或柏油路，100%的行政村建成文化中心或文体广场，农民的生产生活质量得到了极大改善，为美丽乡村建设奠定了坚实基础。大力实施美化亮化工程，在全区各美丽乡村示范村都安装了石头界碑，重点十字路口安装了红绿灯，公路沿线设置了路标路牌，中心村组安装维修了460多盏太阳能路灯。宁远堡镇新华村整村推进农宅规划建设，新修和改建农宅303套，硬化道路3.94千米，改造电网10千米，修建沼

图5-7 金昌市金川区双湾镇陈家沟村生态环保型农宅

图片来源：金昌市金川区双湾镇成果宣传册。

气池250座，改变了村容村貌。双湾镇古城村新建改建高标准农宅660套，并同步配套了水、电、路等基础设施和休闲广场、文化中心等公共服务设施，基础设施建设明显改善。

（4）城乡产业融合，互促共进发展。

1）以农村综合改革激活美丽乡村发展后劲，开辟“农民增收致富新天

地”。围绕全国农村改革试验区试点建设，率先推进土地承包经营权确权登记颁证工作，以开放眼光围绕高端城市消费需求，加快发展多种形式的适度规模经营，在美丽乡村示范村培育了有较强竞争力的龙头企业和家庭农场、农民专业合作社，农产品远销中国香港、韩国等，大大提高了农民收入。双湾镇九个井村与广东从玉集团合作，通过“龙头+合作社+农户”的模式，流转土地3500亩，建成了以菜心为主的供港有机蔬菜基地，实现农户土地和务工双收入。双湾镇营盘村在全镇率先采取“以井定田”、大户承包等模式流转土地3000亩，形成了以设施农业、露地鲜食葡萄、出口胡萝卜、庭院养殖、劳务输出为主，乡村旅游为辅的特色产业，发展直供韩国胡萝卜2100亩，鲜食葡萄1600亩，带动周边劳动力输转500人（次），实现劳务收入500多万元。

2）推进美丽乡村建设和乡村旅游业融合发展，打造宜居宜业宜游的“城市后花园”。2014年，在双湾镇古城村、宁远堡镇新华村各建成一个民俗文化园，对陈家沟文昌园进一步完善提升，发展农家乐、乡村客栈16家。2015年，建成双湾镇营盘村沙漠营，打造了通城公路“十里花海”车窗景观长廊，共种植白芍、琉璃苣、万寿菊等“赏经两用”中药材2000亩，各类林木5000株，启动运营了开心农场、果蔬采摘、休闲烧烤等生态旅游项目和CS基地、沙滩排球、垂钓池等户外项目。2016年完成对3户农家乐的改造工程，新建3座生态乡村客栈，已吸引大批城市居民前来观光体验游览，初步形成了宜居、宜业、宜游的“城市后花园”，拓宽了农民的增收渠道，满足了城市居民新的消费需求。

3）加快特色优势产业发展，打造“市民菜篮子基地”。双湾镇把美丽乡村建设、培育富民增收产业和满足城市菜篮子需求相结合，持续深化农村改革和农业结构调整，实施金川现代循环农业示范园、金川畜牧循环产业园，九个井、营盘、许家沟设施农业区建设，发展古城、营盘等节水示范园区4个，扶持培育新型经营主体246个，农业生产经营组织化、规模化、绿色化、集约化程度显著提高，园区经济效益和发挥示范引领作用初步显现；发展玉米、红辣椒、特色瓜果、露地蔬菜等优势特色产业，种植面积达到85%以上，葡萄、灰枣等经济林果业已经成为全镇农民增收致富的有效途径；引进甘肃农垦天牧乳业、中天羊业等龙头企业，扶持发展规模肉牛养殖场9家，规模肉羊养殖小区 6 个，家庭舍饲养殖 3800 户，以畜牧园区为龙头，养殖小区为支撑，千家万户养殖为基础的养殖体系不断完善。其中，双湾镇古城村作为“全国现代生态农业创新示范基地”和全省首批“美丽乡村示范点”，2016 年建设玉米、红辣椒、特色瓜果基地 1 万亩，发展娃娃菜、陇椒等无公害蔬菜 2000 亩，种植白芍、牡丹等中药材 700 亩，灰枣、杏树等经济林果 3000 亩；积极培育小杂果基地和肉牛养殖基地，规划建设古城高效节水农业示范区和金川现代畜牧循环产业园，种植灰枣、露地鲜食葡萄等经济林果 9000 多亩，引进了金源牧业肉牛、裕泰肉牛养殖场、中天肉羊养殖场等多家农业企业，养殖肉牛 5000 多头、肉羊 10000 多只。农业产业结构的调整，农业规模化、产业化、集约化的发展，不仅使美丽乡村有了较好的物质基础，而且满足了城市居民的需要，城乡之间实现了融合共进发展。

4）加强产业的财政扶持力度，乡村花卉林果业稳步发展。强化以城带乡、以工哺农的作用，充分发挥地方工业企业发展较强的优势，突出地方财政撬动作用。金川区委、区政府出台《金川区美丽乡村建设扶持试行办法》，根据金川区花卉林果业规模化试验示范种植实际，按照“品种确定、扶持政策确定、兑现方式确定”的办法，对符合特定条件的桃园、杏园、梨园、沙枣园、香草园、琉璃园、榆叶梅园、月季园、玫瑰园、牡丹园、芍药园、丁香园、菊花园、大丽花园、鲜切花园等，给予额度不同的三年期补贴，大大促进了花卉林果业的发展。

（5）人居环境改善，同享宜居生活。

1）着力改善农村人居环境。金川区集中整治农村环境卫生，打好建设美丽乡村的基础，对废弃房屋、残垣断壁、违章建筑、防洪河道进行了全面清理，对秸秆焚烧、柴草乱放、粪便乱堆、垃圾乱倒、废旧农膜乱飞、尾菜乱弃和乱搭乱建、乱贴乱画等突出问题开展有效整治。2014 年以来，安装垃圾转运斗 10 个、地埋式垃圾箱 80 个，绘制墙体艺术画 4000 平方米。各美丽乡村示范村共修建绿化供水控制井 100 多个，完成河道治理 2. 5 千米、浅水湖等水系工程 4500 立方米。特别是双湾镇九个井村本着人与自然和谐发展、体现文化内涵和区域特色的原则，大力推进农村人居环境建设，公用垃圾处理设施健全，已安放地埋式垃圾箱 111 个，配备环境卫生保洁员 2 名，与村民签订了农户“门前四包”责任书，实行“户分类、村收集、镇清运、区处理”的农村生活垃圾四级联运处理模式。严格落实垃圾箱管护和环境保洁的责任，通过村规民约的方式形成了《村容村貌管理公约》《地埋式垃圾箱管护制度》《农户家庭卫生标准》等制度，定期对全村环境卫生和保洁人员履职情况进行督查，规范了环境卫生管理机制，使村庄环境管理逐步走上规范化、制度化、长效化轨道。结合沼气项目建设，捆绑太阳能、节柴灶等项目，大力推进新型清洁能源工程建设，有效解决村庄亮化、美化和村民冬季采暖、生活热水供应等问题。

2）着力村庄绿化美化亮化。金川区坚持绿色发展理念，在美丽乡村示范村宅前屋后、广场周边、道路两侧等重点区域新植补栽各类苗木花卉 4 万多株，建设葡萄长廊 10 千米，发展经济林果带 6 千米，铺设绿化供水管道 15 千米，基本实现村组“道路林荫化、庭院花园化、广场公园化”的景象，呈现出“村庄秀美、环境优美、生活甜美、社会和美”的场景。特别是双湾镇园林绿地规划布置得当，形成了由绿化防护带、道路绿化、广场绿化以及农民公园绿化组成的本地绿化景观环境（见图 5-8）。而双湾镇陈家沟村则村容干净整洁、村庄建设与自然环境协调，被评为省级美丽乡村建设示范村、乡村旅游示范村和市级新农村建设示范村。

图 5-8　金昌市金川区双湾镇生态景观

图片来源：金昌市金川区双湾镇成果宣传册。

（6）文化丰富和谐，精神文明共建。金川区以全国文明城市创建为契机，加强农村精神文明建设。区委印发《“培育新型农民、共建美丽乡村”思想道德提升工程的实施方案》，通过建设文化长廊、组建曲艺协会、成立红白理事会、加强普法宣传和开展对“最美家庭”和“美丽家园”模范家庭评选及表彰活动，积极引导农民群众形成尊老爱幼、邻里互助、勤俭持家、健康向上的生活情趣，以文明乡风扮靓美丽乡村。双湾镇九个井村以文明创建活动为载体，推进乡风文明建设，通过开展“文明家庭、文明户”“好婆婆、好媳妇”等评选活动，调动了农民参与的积极性，提升了农民的思想道德水平。以中华民族五千年文明史为蓝本，建成长400米的文化墙，切实增强了村民文明知识知晓率。依托远程教育、图书阅览室等平台，加强党员素质教育。成立曲艺协会，组建秧歌队、文艺表演队等文艺队伍，采用“请进来”和“走出去”的方式，通过文艺节目引导群众培养健康的生活情趣（见图5-9）。大力弘扬中华民族的传统美德，设立“仁孝爱老奖”，营造了孝老敬老的优良社会风尚。组织成立红白理事会，负责全村喜事及丧葬事宜，有效杜绝了铺张浪费、大操大办的现象，使村民们养成了勤俭节约的好习惯。积极开展“六五”普法活动，不断提升群众法律意识。开展实用技术和专业技能培训，不断提

图5-9　金昌市金川区双湾镇送文化下乡

图片来源：金昌市金川区双湾镇村镇办公室。

升群众技能水平。通过各种活动和培训的开展，使广大人民群众潜移默化地受到了教育，思想道德素质有了明显提高、文明卫生意识有了明显增强，形成了“人人是美丽乡村形象，处处是美丽乡村环境”的良好氛围。

（7）典型经验。金川区美丽乡村建设因地制宜地探索自身的发展道路，既努力将区位优势转变为发展优势，又保持乡村的田园景观、自然风貌和传统民俗特色，同时又努力构建完善的基础设施和公共服务体系，不断向“村美、民富、宜居、文明”的美丽乡村转变。

1）政府主导社会参与。在金川区美丽乡村建设中，不但政府起到了重要的组织发动、协调推进、规划引领、财政支持等作用，而且乡村群众积极参与，形成了多元主体的推动机制。特别是金川区系统性谋划美丽乡村建设，紧紧依托乡村发展实际条件和现实优势，坚持区域统筹、全域规划、部门协调、整体联动、分步实施、稳步推进，将美丽乡村建设分阶段分重点集中力量有序打造，以点带面强力突破，美丽乡村建设成效突出。

2）发挥区位产业优势。金川区美丽乡村立足乡村区位优势和长期以来形成的产业基础，积极推进农村产权制度改革，提升土地、资源、人口的优化配置水平和投入产出水平，不但为产业发展创造了条件，也促进了城乡一体化发展。金川区着眼市场发展变化，积极发展多元化优势产业，精心选择农业发展潜力品种，着力培育特色花卉、林果蔬菜、畜牧养殖产业；积极挖掘本地自然人文资源，精心打造生态休闲旅游产业；充分认识和紧紧抓住消费市场新要求，增强绿色食品市场竞争力等，使区位优势和产业优势得以有效发挥，促进了乡村经济的发展。

3）遵循自然生态系统。美丽乡村就是要把乡村建成农民幸福的生活家园、市民休闲的旅游乐园、留得住乡愁的精神家园。金川区牢固树立绿色发展理念，充分尊重自然规律，因地制宜通过科学改造、修饰和点缀，保留乡土人文元素，把乡村建成城郊休闲农业和乡村旅游目的地。结合村庄绿化、农村人居环境整治、生产生活垃圾污水处理、房前屋后环境美化等，持续优化生态环境，形成了农家小院果蔬满园、乡风淳朴、母慈子孝、热情好客、恬静安然、自然生态的和谐环境。

4）健全农村公共服务。金川区积极打造城乡融合的美丽乡村，增强基层党组织功能，强化战斗堡垒作用，拓展公共服务方式，提升公共服务能力，农村义务教育、医疗卫生、社会保障、救助救济等社会事业更加发展，农民文娱体育活动场地设施、文化活动室和活动设施等更加健全，公共服务质量不断提升，乡村治理水平和治理能力进一步提高，村风和谐文明，成为乡村居民的幸福家园。

四、宁县历史文化传承模式

历史文化传承模式，即基于独特的居住形态和特色鲜明的农村文化，在乡村历史文化资源丰富，具有特殊人文景观（如古村落、古建筑、古民居以及传统文化、历史人物、历史事件）、优秀民俗文化、非物质文化遗产、文化展示和传承潜力大的地区，以保护乡村人文景观、文化遗产、民风民俗为重点，挖掘传统农耕文化、山水文化、人居文化中丰富的思想和内涵[①]，走历史文化传承与农村经济社会发展相结合的道路，真正实现让人们“望得见山、看得见水、记得住乡愁”。庆阳市宁县美丽乡村建设的历史文化传承模式，就是将美丽乡村建设与历史文化传承紧密结合起来，以历史文化传承为抓手推动美丽乡村建设，由此孕育出无限发展生机。

1. 庆阳市宁县莲池村美丽乡村建设的基础

宁县属于六盘山连片特困地区重点贫困县，拥有51万农民，2013年建档立卡重点贫困村60个、贫困户28339户、贫困人口11.21万人，贫困发生率22.13%。近年来，宁县深入挖掘乡村历史文化资源，建成国家AAA级旅游景区古豳文化旅游区、印象义渠莲花池景区，打造乡村文化旅游品牌，以莲花池村为模板，先后实施省市级美丽乡村建设14个，由点到线，由线扩面，创新措施，整合项目，全民参与，带动全县实现了整县脱贫，2016年底贫困发生率下降到2.73%，全县美丽乡村建设取得了阶段性成果。

---

① 唐珂．农业科技教育与生态环境发展报告［M］．北京：中国农业出版社，2014.

莲池村地处宁县湘乐镇湘乐川区，临近子午岭林区，南北倚山，湘乐河穿村而过，常年干旱少雨。该村辖8个村民小组，315户，农业人口1329人，耕地面积2800亩。多年来，该村农业基础薄弱，水利设施欠缺，医疗、道路建设比较滞后，网络通信设施落后，村民平均受教育年限短，留守人员中老年人和儿童居多，还有相当一部分人存在饮水安全问题和居住土窑洞或土坯房，因病、因残、因学致贫的问题比较突出，村民收入普遍不高，许多村民生活接近贫困线，全村发展后劲不足。

莲池村转变扶贫开发思路，寻找破解发展难题，传承历史之脉，紧抓文化之魂，深挖义渠国历史文化资源，走出了一条“传承历史文化、发展乡村旅游、促进经济发展”的脱贫致富路子，形成了莲池村美丽乡村建设模式。2015年莲池村通过土地流转建设印象义渠——莲花池景区，被国家旅游局列入2016全国优选旅游项目名录。2016年莲池村成为省级美丽乡村建设示范点。

2. 庆阳市宁县莲池村美丽乡村建设的历史文化传承模式

（1）深度挖掘历史文化资源。宁县历史悠久，文化灿烂，底蕴深厚，义渠国在这里写下了浓墨重彩的历史华章，莲池村相传是义渠国的后花园。义渠民族曾经盛极一时，从商代武乙年间建部落方国算起，至秦昭王时存在800余年，与秦、魏抗衡，是当时雄踞一方的同源异族强国。义渠占据陇东大原地区，也就是庆城、宁县、镇原等地，这里土地肥沃，水草丰美，畜牧业得到空前发展，义渠人口大量增加，他们在同当地周族后裔的杂居中，学会了农耕技术，学习了周族文化，并仿效周人建立城堡和村落，从而由以牧业为主转变成一个半农半牧的部族，很快强大起来。西周末年，建立郡国，都城建立在宁县境内，从此中国历史上有了义渠国的名称。公元前306年，秦昭王立为国君，因年龄尚小，由母亲宣太后摄政，她改变正面征讨义渠戎国的方法，采用怀柔的方法邀请义渠王于甘泉宫长期居住，后来人们根据宣太后和义渠王的历史纠葛，演绎了他们的爱情故事。

莲池村利用与电视剧“芈月传”的深厚历史渊源，充分挖掘蕴含其中的传奇故事、民俗风情和具有地域特色的舞蹈、建筑、工艺等，如“芈月婚庆园”用来展示义渠王和宣太后的爱情故事，著名的荷花舞集曲艺、音乐、纸扎、美术于一体，以莲花、油灯、云朵、云盘为道具，男扮女装翩翩起舞，美轮美奂。

（2）大力发展文化旅游产业。莲池村趁着国家大力扶持发展乡村旅游和实施精准扶贫的东风，把乡村旅游与脱贫攻坚、生态环境建设、产业培育、基础设施建设有机结合起来，建成了“印象义渠·莲花池”景区，大力开发文化旅游产业，进一步拓宽了群众增收渠道，是集特色苗林培育、绿色餐饮服务、生态休闲观光和农特产品开发销售于一体的综合乡村旅游景区，美丽乡村建设取得了实效。

莲池村以莲花为主题意象，义渠文化为主题元素，开发义渠国历史文化资源，打造龙头品牌，建成了印象义渠、盛世义渠、农耕义渠、小儿义渠、情定义渠、渔猎义渠、游牧义渠七大展示区，聚将台（壁画）、村部（壁画）、莲花丽池、垂钓中心、儿童游乐园、神雨瀑、义渠王雕像广场、烽火台、极目亭等一批旅游景点，以景观及情景再现方式展示义渠人弯弓射箭、策马奔腾、草原牧歌的风情民俗画。开展传统节庆及民间文化等民俗活动，打造文化休闲旅游品牌。开发具有传统和地域特色的荷花舞、戏曲等民间艺术和民俗表演项目，以及苗林、手工艺品、土蜂蜜、黑木耳、羊肚菌、小杂粮等特色产品。

如今的莲池村，通村公路平坦整洁，村道两旁古色古香，茅草屋顶的房屋错落有致，长 800 米的义渠历史壁画——生火、打猎、打仗、制造工具等画面清晰地刻画在土泥墙上，演绎着古义渠国的发展历史。村部位于一幢古朴的二层小楼，村部的旁边是一座高大宽畅的聚将台，广场旁矗立着村雕——一个莲花柱上一只白鹭展翅欲飞，寓意“一路廉节”。“印象义渠·莲花池”景区茅草铺顶、黄泥墙的房屋随处可见，旧农具、石碾、水车等古老的生产生活用具展示出原始部落的生活场景。庞大的水系工程，移步换景，大小相连的池塘里种满了莲花，莲花摇曳多姿，凤凰山脚下清冽的溪水缓缓流淌，吊桥横跨在溪流之上，景区内有油用牡丹、油松、名贵花卉等 42 种名贵苗木，一年四季花香满园。好山好水好风光吸引着四面八方的游客来到莲池村旅游、休闲、观光。截至 2017 年 8 月底，莲花池景区共接待游客 22 万人次，旅游收入高达1370万元。

随着景区的开发建设，文化旅游产业成为莲池村的主导产业。“印象义渠·莲花池”景区的开发带动了乡村游热潮，吸纳了全村的闲散劳动力，为村民们提供保洁、保安、执勤等工作岗位200多个，带动周边群众实现劳务收入150多万元。羊肉摊、农家乐、豆腐脑、小杂粮等当地特色美食小店一家接着一家，村民改变了以往的劳作生活方式，过上了由农转商的幸福日子，纷纷在家门口做起了旅游服务的生意。

（3）着力加强文化设施建设。莲池村加大文化及配套设施投入，新建村情记忆馆、文化活动室、便民服务中心、农民科技培训室、村级卫生所、金融服务网点、农资店各1处，建筑风格全部为义渠风格。新修文化广场1处3800平方米。组建了村级舞蹈队，编排了“莲花舞”等节目20多个。开展了村规民约宣传教育及十星级文明户评选活动，举办文化技术培训班，提高农民文化层次，培训农民1620人次。

（4）全面改善人居环境。莲池村全面改善人居环境，实现路灯亮化、卫生洁化、家庭美化、环境优化，以打造省级美丽乡村示范点为标准，把环境治理与文化旅游产业发展有机结合、合力推进。两年来，硬化村庄道路8.5千米，安装千伏安变压器1台，架设电网线路3千米，安装莲花路灯160盏。对南北四山全部进行了绿化，栽植五角枫、香花槐、油松等2600亩，新栽村庄绿化树木2500棵，全村森林覆盖率达到46%以上；完成“三堆”清理，建设垃圾仓85个，建设水冲式公厕2座、旱厕2座，新建化粪池2座40立方米。

（5）典型经验。

1）以规划引领美丽乡村建设格局。注重规划引领，并以项目形式推进，是美丽乡村建设的一条重要经验。宁县坚持规划先行，及时编制了《宁县湘乐镇莲池村美丽乡村规划》，以“村村优美、处处整洁、家家和谐、人人幸福”为总体目标，以“基础设施完善、公共服务便利、村容村貌洁美、田园风光怡人、富民产业发展、村风民风和谐”为基本内容，立足莲池村自然条件、资源禀赋、产业发展、民俗文化，综合考虑山水肌理、发展现状、人文历史和旅游开发等因素，结合县、镇总体规划，产业发展规划，土地利用规划，基础设施规划和环境保护规划，因地制宜、突出特色，编制村域规划，进行村庄风貌设计，着力体现“宜业宜居、亮化美化、一村一品、一村一景”。

2）重视文化资源挖掘开发。莲池村凭借底蕴深厚的文化，立足于文化消费的民族性、生态性和专业性，挖掘利用义渠国的历史古迹、传统习俗、风土人情和传统文化中丰富的思想和内涵，把美丽乡村建设与义渠国特色历史文化相结合，重视农村文化建设，因地制宜建设文化广场、文化活动室、村情记忆馆、农家书屋等文化休闲载体，为美丽乡村建设注入人文内涵，展现独特魅力。活跃农村群众的精神文化生活，注重乡风文明培养，满足农民精神层面需求，提升农民整体文明素质，积极引导村民追求科学、健康、文明的生产生活和行为方式，增强村民的自信心、自豪感和幸福感，促进农村社会的文明和谐，形成农村生态文明新风尚。

3）形成多元参与机制。美丽乡村建设是一项系统工程，需要政府、社会、农民各方面力量整体联动，各负其责，形成合力。在实际建设中坚持分工协作、统筹推进的原则，宁县有关县直属部门牵头，湘乐镇配合，上下联动，建管并重，统筹推进美丽乡村建设。宁县政府负责美丽乡村总体规划、指标体系和相关制度办法的制定，以及对美丽乡村建设的指导考核等工作。湘乐镇政府负责整乡的统筹协调，指导建制村开展美丽乡村建设，对村与村之间的衔接区域统一规划设计并开展建设。莲池村是美丽乡村建设的主体，具体负责美丽乡村的规划建设等相关工作。同时，引进许多在外企业家和社会能人纷纷出资投资助力家乡美丽乡村建设，有力助推了莲池村美丽乡村建设。

五、高台县社区模式

社区模式，即在经济基础较好，公共设施和基础条件较为完善，交通较为便利，农业规模化经营水平较高的城郊乡村，通过发展农村社区建设美丽乡村。高台县在美丽乡村进程中，强化农村新型社区建设，按照“三集中”（边远村向中心村集中、周边村向集镇集中、城郊村向县城集中）原则，探索建设了西滩村、向阳村、暖泉村等一批整村整社推进型的农村新型社区，探索走出了一条“农村住宅集居化、产业发展专业化、公共服务便利化、村务管理民主化”的美丽乡村“社区模式”。

1. 张掖市高台县信号村美丽乡村建设基础

高台县位于河西走廊中部，黑河中游下段，全县辖9个镇、136个行政村、15.8万人，是坐落于张掖黑河湿地和祁连山两个国家级自然保护区之上的绿洲明珠，先后获得“全国文明城市”“国家级园林县城”“全国绿化模范县”“国家科技进步县”“国家农业标准化示范县”等荣誉称号。2016年完成生产总值56.63亿元，三次产业结构为32∶29.8∶38.2，农业产业化程度较高，发展家庭农场及各类种植、养殖专业合作组织892个，建成玉米烘干、畜禽屠宰、脱水蔬菜加工等农产品加工企业42户，农产品加工转化率达60%。认定无公害农产品产地7个、“三品一标”农产品33个，机械化综合水平达77.3%，节本增效技术覆盖率达85%。

近年来，高台县坚持把改善农村人居环境、建设美丽乡村作为统筹农业农村工作、加快城乡一体化发展的重要抓手，科学规划、分类施策，整体联动、全力推进，取得了明显成效。农村处处呈现出产业兴旺、生活富足、环境秀美、群众安居乐业的新风貌。全县共建成各种类型美丽乡村示范村28个、万村整洁村34个，全县71.8%的农户住上了小康房。

南华镇信号村是2014年建成的省级美丽乡村示范村。全村辖11个社、436户、1661人，耕地面积4760亩。近年来，信号村依托地域优势，按照“土地规模流转、农户就近务工、群众集中居住、设施配套便民”的思路，着力从规划制定、产业发展、设施配套、管理房屋等方面，统筹推进美丽乡村建设，探索走出了一条“农村住宅集居化、产业发展专业化、公共服务便利化、村务管理民主化”的美丽乡村新路子。

2. 张掖市高台县美丽乡村建设的社区模式

近年来，高台县响应和贯彻落实国家政策，在尊重农民意愿、保障农民利益的基础上，持续推进土地向龙头企业和农民合作社集中流转。以南华镇为例，该镇累计流转土地38101亩，占计税面积39140亩的97.3%。土地规模化流转促进了特色高效产业发展壮大，实现了集约化生产和产出效益的最大化。同时，也进一步解放了农村的生产力，把农民从土地上解放出来，推向一个更为自由的空间，这为农民集中居住提供了可能。顺应这一需求状况，高台县在城郊地区大力发展农村社区。

（1）土地流转为农户集中居住和改善基础设施创造了条件。近年来，高台县抢抓全国农村集体产权制度改革试点县的政策机遇，全面深化农业农村改革创新，激发农村经济发展活力，确保农业增效、农民增收。在巷道镇东联村开展农村土地股份合作制改革试点工作，在城关镇国庆村开展农村集体资产股份合作制改革试点工作。在不改变土地使用性质和尊重农民意愿的前提下，鼓励农民以出租、互换、转包、入股等形式有偿流转土地。流转出的土地由龙头企业、专业合作社、村级组织、种养大户用于发展特色产业和适度规模经营，流转出土地的农民通过就近输转、合作社输转、定向输转等多渠道实现就业。同时，加快培育各类农民专业合作社、家庭农场等新型经营主体，大力扶持和发展以旅游观光、休闲采摘等为主的生态休闲农业，累计培育各类农民专业合作社 508 家，认证家庭农场 378 家，带动全县土地流转面积达到 20 万亩。①

在推动土地流转的基础上，该县按照“三集中”（边远村向中心村集中、周边村向集镇集中、城郊村向县城集中）和“尊重农民意愿、宜平房则平房、宜楼房则楼房”的原则，在城郊各村集体土地建设住宅小区（农民公寓楼），实现了农户的集中居住和公共服务的集中供给。

（2）农户集中居住解决了公共服务的供给问题，有利于实现城乡公共服务的均等化。该县在推进农民居住小区（农村社区）建设中，注重夯实“四大基础”，推动社区建设“一以贯之”。一是规划编制“一张图”。高台县结合美丽乡村建设，合理编制县域村庄布局规划和美丽乡村规划，并注重与其他各类规划有效衔接，使生产、生活、商贸服务等各功能区配套成龙。严格按照新型农村社区规划建设的“十有”标准，推动全县农村社区规划建设。同时，在社区建设中注重对服务设施进行科学布局，以“一公里”为半径，

---

① 许大凯．高台深化农业农村改革激发发展活力［N］．张掖日报，2017-08-24.

着力打造“一公里”农村公共服务圈，为农村居民提供更为便捷、完善、齐全的基本公共服务。二是综合设施“一条龙”。按照“够用、适用、能用”的原则，在农村社区实施“12345”基础设施建设工程，打造“一条龙”式服务设施平台。“1”，即1个小游园；“2”，即文化长廊、公示栏2个阵地；“3”，即建立专业管理人员、服务站人员、志愿者3支队伍；“4”，即多功能活动室、卫生室、图书室、广播室4个室；“5”，即社区农业服务站、社会事业服务站、卫生服务站、社会保障服务站、综合治理服务站5个站，使农村社区的行政管理、日常便民、文化体育、医疗保健、社会治安和党建服务六大功能得到充分发挥。三是为民服务“一站式”。建设公共服务中心，保证每天有社区干部在公共服务中心值班服务，方便群众办事。每个社区统一设置了社会救助、社会福利、社会保障、就业服务、社会治安、医疗卫生、计划生育、文教体育等便民服务窗口，对群众要办理的事项，能办结的当场办结，不能一次性办结的由社区干部代办，直至走完各项程序。社区“一站式”服务体系建立后，提高了工作效率，降低了农民办事成本，不少群众感叹“有事不出村，办事快如风”。四是社区管理“一条心”。建立完善社区干部值班备勤、工作考评、应急管理等规章制度，做到用制度管人，按制度办事。组建社区志愿者队伍，打造了一支高素质、职业化的社区工作者队伍。建立健全社区组织体系，对农村社区，按照村党组织、村民代表会议、村民委员会、村务监督委员会、农村社区服务中心“五位一体”的模式管理，形成了各类组织齐心协力、齐抓共管的良好格局。

（3）南华镇信号村美丽乡村建设。

1）坚持规划标准，集中建设新村。结合红色大道的建设，在广泛征求群众意见的基础上，坚持高标准设计、高水平建设的原则，编制完成了住宅布局合理、公共设施完善、村务集中管理、生产生活方便的美丽乡村规划。采取政府引导、社会投入的运作模式，通过项目配套、财政奖补、集体投入、一事一议、农户自筹等方式整合资金9000多万元，在村级集体建设用地上建成占地100亩的馨园住宅小区，修建住宅楼11栋370套，入住率100%，全村85%的农户入住小区。

2）依托产业园区，发展支柱产业。信号村地处高台县5万亩绿色蔬菜产业园核心区。该村群众抢抓机遇，积极流转土地，发展设施蔬菜，从事二、三产业，为农民持续增收奠定了坚实基础。一是流转土地 3100 亩，占全村耕地面积的 65%，年实现土地流转收入 248 万元，同时从土地上解放出来的农户进入蔬菜产业园、南华工业园区或县内外务工，年输转劳动力 600 人（次）以上，实现劳务收入 1000 多万元，仅在绿色蔬菜产业园常年务工的人员就达 300 多人次，以上两项收入人均达到 7500 多元；二是能人大户在蔬菜产业园建设日光温室 150 座、钢架大棚 200 座，大力发展设施蔬菜产业。目前，全村已形成设施蔬菜、劳务输出两大支柱产业，2015 年全村农民人均可支配收入达到 11266 元，比全县农民人均可支配收入高 376 元。

3）完善公共设施，提升服务功能。多渠道筹措资金配套建成了村级活动阵地、文化体育广场、村级卫生室、红白事中心、垃圾收集处理、生活污水排放、院落亮化美化等公共服务设施。与此同时，为切实保障全村空巢老人、孤寡老人、残疾人等群体的生活，筹资建成了可容纳 55 人的村综合养老服务中心，目前已入住老人 26 人，其中全日制托管照料 11 人，日间照料 15 人，实现了公共服务设施配套齐全、服务功能全面提升的目标。

4）健全管理机制，促进乡风文明。村上成立村民自治物业管理中心，不断完善管理长效机制，建立"户打包、村收集、镇运转"的生活垃圾收运处理制度，设立小区、家庭卫生评比栏，常态化开展环境整治，引导群众养成了良好的卫生习惯。进一步倡导信号村以"信"立村的治村理念，大力弘扬文明新风，积极开展"美丽家庭""身边好人""道德明星"等评选活动，全村文明诚信、知孝达礼、崇善厚德蔚然成风。

3. 典型经验

（1）由注重"点"的打造向"面"的全覆盖推进。近年来，高台县坚持以科学发展观为统领，以推进城乡一体化建设为方向，按照就地城镇化的总体思路，城乡公交、供水、路灯等公共设施和社区服务、社会保障等一体化全覆盖推进。按照"镇有示范、村要整洁、设施全面覆盖"的工作要求，紧扣"着眼发展、适度超前、体现特色"的原则，围绕"三集中"和"宜楼房则楼房、宜平房则平房"的原则，坚持城乡一体化发展思路，因地制宜，积极探索，以点带面，整体推进，建成了怡馨嘉苑、新城家园、六三嘉苑等一批农村新型社区，探索建设了西滩村、向阳村、暖泉村等一批整村整社推进型的农村平房新建模式，起到了积极的示范带动作用。按照全县环境卫生综合整治实施方案的目标要求，进一步加大环境综合整治力度，通过“三清”“三改”、环境卫生评比等活动，积极争取项目资金，配套完善农民集中居住区的社区服务中心、文化健身广场、卫生室、农家书屋、农民培训中心、污水处理等公共服务设施。采取项目支持、单位帮扶、群众自筹等方式，先后投入资金5447.8万元，指导帮助示范村积极开展住宅门面维修及粉刷、硬化通村社道路、衬砌渠道、架设路灯、农电网改造、村庄绿化美化和基础设施建设等项目建设，农村群众居住环境得到明显改善。

（2）由主要依靠财政投入向主要激发内在动力推进。美丽乡村建设，钱怎么来是关键。一是项目资金整合，按照“政府补助一点，项目整合一点，群众自筹一点，共建部门支持一点”的办法，积极开辟筹资渠道，全力保障建设投入，形成“政府主导，群众主体，社会参与”的资金投入格局，努力提供资金支撑。全县各行业各部门将涉农项目、资金优先向示范村集中或倾斜，使示范村建设有项目支撑、有资金扶持。近年来，全县各部门（单位）共向示范村集中安排绿化、亮化、道路及文教卫生等惠农项目186项，整合各类资金5.25亿元，极大地支持了示范村的建设，提高了广大干部群众建设美丽乡村的积极性。二是精心做好土地增减挂钩和土地流转、土地整理、旧村改造、闲置土地盘活等文章，开展抵押融资创新试点。巷道镇东联村为了切实解决农村发展过程中贷款难、担保难、融资难和融资渠道少、担保物少、金融产品少“三难三少”问题，村“两委”充分听取党员干部和群众的意见，开拓思路，大胆创新，通过实施“资源—资产—资金”三步走战略，有效盘活了农村资源要素，为村级集体经济发展注入了强劲动力，为全县农村金融改革提供了一个可复制、可推广的成功样本。该村的主要做法：一是按照“地块互换、按户整合”原则，打破原有土地四至界限，对全村2348亩土地进行了重新分配，使每户农户的土地都集中连片，为机械化耕作、规模化经营打下了坚实基础，也便于实现整村土地流转。二是成立了瑞泽养殖专业合作社，吸纳社员158户。采取合作社注资担保、农户“六权”（社员土地承包经营权、农村居民房屋产权、林权、日光温室产权、养殖场区产权和农民在县城的房屋产权）反担保模式向银行申请贷款，拓展了农村产权权能，有效破解了发展融资难题。三是银行发放贷款以后，采用资金集中使用、入股农户分红的运行模式提高了资金使用的规模效益，也极大地助推了村级公益事业的发展。瑞泽养殖专业合作社以入社 158 户农户的“六权”抵押贷款资金为股本，与张掖前进牧业集团合作，成立了东联草畜科技有限公司，农户以分红形式共享企业利润。2015 年，合作社按股金 4%的额度为社员分红 172 万元，人均增收 1683 元，集体经济增收 80 万元。同时，依靠村级集体经济收入，村上不断加大公益事业的投资力度，先后衬砌渠道 15 公里、硬化通村道路 7.3 千米、绿化道路 4 千米，在县城规划区范围内修建农民公寓楼 6 幢 204 户，入住农户占到全村总户数的 85%以上，配套建设了社区综合服务中心、老年活动中心、体育文化健身广场等公共基础设施，极大改善了群众的生产生活条件。同时，每年为 65 岁以上的老人发放人均 800 元的生活补助款，为在校大学生发放人均 600 元的助学金，群众的幸福感、满意度得到显著提升。①

（3）由短期决策着眼向长远科学决策推进。坚持规划先行，统筹推进，避免了短期决策带来的负面效应。高台县在美丽乡村建设中根据各村不同特点，将全县所有村庄区分为城郊融合村、景区景点村、中心社区村、一般整治村、整合撤并村 5 种类型。投入 820 万元，一次性编制完成了 9 个镇的总体规划和 117 个村庄整治规划。注重“多规合一”，将美丽乡村规划和其他各类规划有效衔接，使生产、生活、商贸服务等各功能区科学布局、协调配套。建立完善了县、乡、村三级规划执法监督管理机制，维护规划的严肃性和权威性，做到“规划一张图、审批一支笔、建设一盘棋”，实现了建设发展有规可依，严格依规办事，不因领导意志而随意改变。围绕“边远村向中心村集中、周边村向集镇集中、城郊村向县城集中”和“宜平房则平房、宜楼房则楼房”的原则，建成了怡馨嘉苑、新城家园、六三嘉苑等一批农村新型社区。加强农民集中居住区的社区服务中心、文化健身广场、卫生室、农家书屋、

① 周淑云．高台县东联村“三变”奏响乡村振兴交响曲［N］．张掖日报，2018-04-17.

农民培训中心、污水处理等公共服务设施的配套完善，有效促进了有限公共资源重点配置。至 2016 年，高台县共建成省级“千村美丽”示范村 6 个，市县级美丽乡村示范村 7 个，建成新农村“四化”示范村 30 个，带动全县建成 100 户以上农民集中居住小区 19 个、133 栋、4434 户。

六、秦安县石节子村大地艺术模式[①]

“石节子艺术村大地艺术模式”，就是在美丽乡村建设中，文化人牵头，发动社会力量，把文化理念和文化元素激活、凝聚和化合，创造出更加贴近大自然，符合人类心灵的环境和氛围，不仅保留了田园风光，也很好地传承了当地的文化历史，使村庄呈现出具有当地浓郁文化特色的田园新风貌。

1. 石节子艺术村美丽乡村建设基础

大地艺术原是兴起于欧美而逐渐推广到世界各地的一种艺术创作方式。通俗地说，大地艺术就是走出画室，以大地为画布进行创作的艺术形式。因此，大地艺术被顺理成章地运用到对传统衰败村庄的保护、改造和复兴运动之中。在这方面，日本运用得比较成功，日本的“越后妻有大地艺术节”是一个典范。在我国，近年兴起的民间乡村建设活动中，大地艺术也扮演了一个重要角色。

石节子村是地处西北黄土高原的偏僻小山村，在艺术家靳勒的推动下，由于艺术的介入，持续地发生着深刻而可喜的变化，有其独特的乡村建设模式与内容。

（1）石节子村简介。甘肃省天水市秦安县，古称“羲里娲乡”，“羲”乃指伏羲，“娲”则指女娲——一个是华夏文明的人文始祖，一个是“抟土造人”的人类祖先，可见这是一片古老、神奇而生机盎然的热土。八千年人类文明遗址著称的大地湾文明在这块土地上被发现，可以猜想，大地湾遗址丰富的文化、艺术遗存（比如人头型彩陶）与石节子艺术之间，令人感觉到一

① 马廷旭，戚晓萍．甘肃文化发展分析与预测（2018）［M］．北京：社会科学文献出版社，2018．选自其部分内容，原文作者系刘春生，原文题目为《石节子艺术村：乡村文化振兴的途径探索》。

种隐隐的血脉关联。

石节子村，这个只有13户人家64口人的小村子是秦安县叶堡乡新联村下的一个自然组。村子所在的花岗岩石山被丈许高的土崖拦腰截成五层台地，因此得名为石节子。13户人家就依着山势散布在这五个村相对较为平缓的山坡台地之上，背靠黄土坡，面朝黄土沟。村子100多米的落差之下是一道深远的峡谷，古称“游夫子沟”，相传孔子当年周游列国时曾带领学生途经于此。石节子村的锁子峡，相传远古时峡畔有一农人，拣到块锁子状的石头，实为一把打开石峡的钥匙，被一贪婪的化缘人哄骗到手并在子夜打开了紧锁千万年的石峡之门，进入后见到其中宁静祥和，人们劳作自如，但道人为其中的金银财宝所迷而忘记在鸡鸣前走出，因此和那把神奇的石钥匙一同锁闭于石峡之中，锁子峡由此得名。这个传说颇似陶渊明的《桃花源记》。锁子峡又古称“锁阳关”，是古代关隘战略要地，“锁阳秋光”是秦安八大景之一，有秋色山水之胜。

从历史文化看石节子村的地理位置，往北百余里是大地湾遗址，西去二十余里是卦台山，相传伏羲就是在那里画出八卦图。将几处关联起来，可以觉察到厚土覆盖下一条源远流长的深厚文脉在跃动。

（2）“三农”问题中的石节子村。近年来，石节子村逐渐成为“空心村”，除了老人和孩子，全村只留下一个身体残疾的壮年人，青壮劳力无一例外地外出打工或通过上学等方式离开了。它和我国南北诸多“空心村”一样，面临着乡村衰落的问题。石节子村蕴含着丰富的历史文化资源，拥有美丽的“田园风光”，它的乡村建设也可以有不一样的可能和发展。

2. 经由艺术的美丽乡村建设之路

（1）用艺术改变村庄。石节子和甘肃以及全国各地乡村一样，其村民世世代代处在一种自然的生存状态，面朝黄土背朝天，靠种庄稼和果蔬艰难生存。直到从这里走出去的艺术家靳勒将艺术带回村庄，艺术让石节子发生了显而易见的变化；石节子村村民的精神状态缓慢而持久地发生变化，他们因“艺术村”的美誉而自豪，并逐渐自信起来。艺术为石节子村赢来了艺术村的名声，引起越来越多的人关注，召唤着越来越多的艺术家走进村庄，这些艺术家又在改变着乡村的面貌。

2005年，艺术家靳勒用一台DV开始记录石节子村里的原生态生活。同时，他在自己家里开始了艺术尝试，把家里的推耙、炕洞和父亲栽植的一棵李子树贴上金箔。

2007年，靳勒组织带领石节子村4名农民免费去德国参与第十二届卡塞尔文献展，与城市文明、欧洲艺术进行了一次近距离接触。去过德国的4个村民带回了在德国的见闻，包括所见到并向往的德国农民的现代化生活。

2008年，石节子村村民们将靳勒选为村长，村民将已走出去的艺术家重新接纳为石节子村的一员，逐渐接受他的艺术和思想并寄予希望。同年，靳勒带领着只会写自己名字的石节子村村民孙尕成到北京798艺术区参加美术展。靳勒还请著名艺术家赵半狄先生带领自己的团队来到石节子村，为村民们奉上了“小山村春节联欢晚会”。

2009年农历己丑年正月初九，靳勒主持成立“石节子美术馆”。按他的设想，村里一户人家就是一个分馆，分别以村民自己的名字命名；山上的一块块地也是美术馆的一部分。这是中国第一个以整体自然村为单位的美术馆。2010年农历庚寅年正月，石节子村村民自办了“石节子电影节”，邀请北京导演在村里放映电影。

2012年，靳勒尝试用石节子村的东西为材料进行创作，将花椒枝、花椒籽、花椒和土块组合在一起，创作了《石节子山水》。石节子美术馆开始与西安美院雕塑系合作，将公共艺术专业课程引入村里上课，利用村庄的材料与环境，让学生把专业知识与村民生活相结合制作作品，探索公共艺术在村庄的可能性。

2015年3月，靳勒联系并通过北京艺术组织“造物间”组织艺术家和村民一对一交流。靳勒认为只有这样艺术家才能真实了解村民需要什么，需要什么样的艺术，从而思考用什么样的作品服务村庄。他坚信只有这样才能彻底改变村庄。5月，这个名为“一起飞”的计划启动，全国各地25个艺术家齐赴石节子与村民一对一结成对子，用一年时间共同完成一件作品。同年年底，靳勒以石节子美术馆馆长身份赴英国曼彻斯特华人当代艺术中心，参加由何香凝美术馆主办的“独立艺术空间的生存方式”国际论坛。

2016年2月28日，媒体人江雪为石节子众筹的村里第一家小卖部开业。小卖部除了洗洁精、牙膏、洗衣粉、矿泉水等商品，还可以买到靳勒制作的石节子花椒，带有石节子标识和编号。同年11月，村民李保元带着和艺术家秦刚共同完成的作品《老农具》赴北京民生美术馆参展，获得了“农民艺术家”的称号并上台讲话。

2017年5月“乡村密码——中国·石节子村公共艺术的创作营”活动在石节子村启动。来自全国美术院校的青年艺术家在石节子村利用当地的乡土材料，与村民共同创作了22件（组）艺术作品。随后在西安当代美术馆举办了“乡村密码——中国·石节子村公共艺术的创作营文献展”。

（2）艺术促成乡村的变化。首先，石节子村基础设施逐步得到改善。村庄的视觉形象和整体面貌焕然一新，因艺术而气韵生动起来。生活条件也大大好转。2010年乡政府主动帮助村庄硬化路面，安装路灯。2014年，石节子村通上了自来水。石节子村申请了德国大使馆基金，村里有了公共澡堂和改造的厕所。其次，石节子村的一些艺术项目和作品也给村民们带来了实在的经济效益。最后，村民精神面貌的改变。村民接触了外部世界，家里更加整洁，房前屋后也变得干净，不再乱扔垃圾，脸上笑容增多了，比以前更为热情，眼光更为开阔；村民虽然还不是能够自由创作的艺术家，但每年都积极参与艺术活动，精神上日益自尊自信自在。

3. 石节子村美丽乡村建设的经验启示

借助艺术的形式，石节子村美丽乡村建设中，不仅保留了田园风光，也很好地传承了当地的文化历史，实现了乡村文明的深层复兴和有效提升，使得乡村不但富起来，而且美起来，时尚生动起来。

第一，艺术家村长打造艺术村。靳勒是土生土长的石节子人，大学毕业后，任教于西北师范大学。20世纪90年代以来，靳勒在中央美术学院进修时接触和认识了现代艺术，他开始将艺术和家乡联系起来思考：是否能让艺术为村里做些事，艺术究竟能不能给村庄带来改变？于是靳勒先生在自己家里开始了艺术尝试，又逐渐与乡亲们一起在家乡的土地上进行艺术创作，并赢得了乡亲们的信任而被推举为村长。

靳勒关注村民的生存状态并致力于让艺术引发其变化，在他看来，改造农村，不仅仅是扶贫，但更需要改变的是村民们的自卑心态。他尝试用艺术挽救乡村的衰败，保住村庄，并且尽可能保持村庄的本原生态。他尝试着找到一条能让外出到城市的卑微打工村民回归村庄并生活得有价值有意义的道路。

第二，大地艺术使村庄呈现出具有当地浓郁文化特色的田园新风貌。远望石节子村，可以看到各式各样的雕塑散布在村庄，进入村庄，则可见各式雕塑作品依山势地形错落有致，与房屋、树木、村庄里及其周围的一切相得益彰。中国第一个以自然村落为单位的美术馆名不虚传——可以说，这是真正的大地艺术。

以大地艺术的眼光来看，与其说石节子村村庄是一座美术馆，不如说整个村庄就是一件艺术作品。实际上，从田舍到农田、村路，靳勒都做了详细的规划和设计，村民和艺术家们，确确实实就是在以艺术的方式集体创作着一座村庄。因此，石节子村的乡村建设是探索性的、因地制宜的、独特的美丽乡村之路。

第六章

乡村振兴战略下甘肃美丽乡村建设的战略构想

一、美丽乡村建设的指导思想

中国要强，农业必须强；中国要美，农村必须美；中国要富，农民必须富。这是对我国现实的一个深刻而又长远的认识。党的十八大以来，习近平总书记针对美丽乡村、乡村旅游和扶贫开发工作多次做出重要指示，提出了一系列新思想、新观点、新要求，他指出，“美丽中国要靠美丽乡村打基础，发展生态旅游经济、建设美丽乡村印证了绿水青山就是金山银山的道理”“要把扶贫开发与富在农家、学在农家、乐在农家、美在农家的美丽乡村建设结合起来”。他还强调要为农民建设幸福家园和美丽宜居乡村。党的十九大又提出要实施“乡村振兴”战略，这些重要论述，饱含对农村和农民的深情，为建设美丽乡村指明了方向。

结合习总书记的指示，甘肃省在美丽乡村的建设过程中，以“农村美、农业强、农民富”为目标，努力改善农村环境，坚持规划先行，注重设施配套，突出产业富民，努力建设宜居、宜业、宜游的美丽乡村，取得了巨大的成就。但是，甘肃农村地域辽阔，发展水平也存在较大的差异性，农村发展现实状况表现为明显的空间非均衡分布特征，这就使得具有前瞻性的理论引导和规划指导成为美丽乡村建设的“先头兵”，美丽乡村建设同时要求要符合甘肃农村要素禀赋的分布态势和经济发展的规律，要有把短期目标和长期目标相结合的意识，要有科学和经得住推敲的方法，要有明确而又符合现实发展状况的思路，只有这样才能构建出符合农村发展规律的美丽乡村建设模式。

建设美丽乡村，是促进农村经济社会科学发展、提升农民人居生活品质、加快城乡融合发展的重要举措，对于推进当前的新农村建设和生态文明建设意义重大。美丽乡村的内涵和实质要求美丽乡村的建设要跳出传统农村规划建设的模式，通过提升村庄景观环境从而提升村庄文化水平，最终实现村庄整体建设水准的提升。美丽乡村建设是一项系统性工程，整个工程包括前期的调查研究论证、规划布局设计、资金筹措以及工程建设组织实施等多个环节和流程，要避免出现一哄而上、盲目建设造成资源浪费、“千村一面”的现象，项目建设必须在科学合理的规划思路引领下有序推进，不仅要有明确的指导思想，遵循基本原则，还要有明确的阶段性建设目标，在正确的建设途径和工程管理下有条不紊、循序渐进地实施。

未来一段时期，甘肃美丽乡村建设的指导思想是：全面贯彻党的十八大和十九大精神，以马克思列宁主义、毛泽东思想、邓小平理论、“三个代表”重要思想、科学发展观、习近平新时代中国特色社会主义思想为指导，按照“五位一体”总体布局和“四个全面”战略布局，坚持新发展理念，以广大农民的利益为切入点，坚持“产业兴旺、生态宜居、乡风文明、治理有效、生活富裕”的总要求，实现城乡共融一体协调可持续发展；围绕“美丽中国”的宏伟理想，着力加强规划设计，完善基础设施，培育特色产业，优化生态环境，传承乡土文化，提高治理水平，深化农村改革“八项举措”；落实美丽乡村建设的各项举措，抓科学规划指导、统筹协调推进、资金项目投入、村庄环境整治、公共服务提升“五个关键环节”。将县域内农村地域建设成为“五美三宜”（即生态之美、富足之美、生活之美、文化之美、文明之美，宜居、宜业、宜游）的社会主义新型美丽乡村。

二、美丽乡村建设的总体思路

建设美丽乡村，实施“千村示范、万村整治”工程是习近平同志主政浙江时期的一项重要工作，同时也是社会主义新农村建设初期的一个缩影。习近平总书记多次强调：中国要美，农村必须美；美丽中国要靠美丽乡村打基础；要为农民建设幸福家园和美丽宜居乡村。在省委、省政府的政策支持下，甘肃省早在 2013 年就启动了“千村美丽、万村整洁、水路房全覆盖”的专项行动，这项行动也使得农村人居环境得到了大幅度的改善。甘肃省 2017 年 6 月前建设美丽乡村已初见成效，建成省级“千村美丽”示范村 500 个，市县级示范村 895 个，“万村整洁”村 5461 个，美丽乡村开始连线成片地发展，惠及全省 1/3 的农民，极大地改变了农村贫穷落后的面貌，带动了农村产业的快速发展，同时也为脱贫攻坚战奠定了坚实的基础。无论对于中国，还是对于甘肃省来说，美丽乡村是一块重要的基石，是一块建设美丽甘肃和美丽中国的基石，是小康社会建设成效的标志，也是小康社会在农村的凝练概括和生动表达。甘肃美丽乡村建设要充分发挥农村山水风光秀丽、人文底蕴深厚、农耕文化多样的优势，以创新、协调、绿色、开放、共享的新发展理念为指引，坚持建设美丽乡村和经营美丽乡村并重，把这一民心工程、德政工程抓好抓实，让美丽乡村入画来，甘肃农村换新颜。

1. 深化改革，推进创新发展

美丽乡村是社会主义新农村建设的深化版，相较于过去，它有了新的内涵和意义。我们将目光聚焦于每一个乡村，完成脱贫攻坚任务是美丽乡村建设的前提。在此前提下，美丽乡村是在基础设施和公共服务比较完善的基础上，对村容村貌、农村传统产业、乡村文化品位、村民文明素养和精神生活的不断提升、增强和丰富。在过去，甘肃“三农”问题一直凸显，农业发展基础薄弱，处于低水平的发展态势，并未形成规模化生产；农村人居环境较差，基础设施不完善，并未实现公共服务均等化；农民收入水平较低，稳定增收渠道单一，全省并未将主要精力放在乡村建设上来。经过多年的发展，尤其进入新时代、新阶段后，甘肃农村基础设施和公共服务取得了长足发展，农业产业化现象普遍。因此，一是要发挥自然资源、气候条件多样性的特点，发展多元化特色农业产业，努力建设一批全国有影响、地域特色鲜明的绿色生态农产品生产和加工基地，促进现代农业跨越式发展，加快农村传统产业的转型升级。以促进农业增效、农民增收为核心，推动农村一、二、三产业融合发展。以加快转变农业发展方式为主线，着力构建现代农业生产体系、经营体系、产业体系，强化美丽乡村建设实效。二是深化集体产权制度改革，创新集体经济发展模式，积极引导资金、技术、人才等资源要素向农村流动，努力探索村级集体经济发展壮大的有效路径，全面解决集体经济薄弱村的发展问题。三是以深化农村改革为动力，着力培育新型经营主体。积极推进农业供给侧结构性改革，促进农业适度规模经营，全面提高农业综合生产能力、可持续发展能力、市场竞争能力和农业综合效益，努力走出一条农村基础设施完美、农民生活富裕、城乡一体化水平先进的甘肃特色美丽乡村建设道路。

2. 统筹兼顾，推进协调发展

要想更加准确地理解美丽乡村，我们要从“经济”和“人文”两个方面去理解。美丽乡村不仅是一个经济概念，要有基础设施、产业发展、公共服务等物质方面的支撑，也是一个人文概念，人的思想素质在进步、在提高、在发展是美丽乡村建设的一个核心内容。如果仅仅注重乡村外在的“美丽”而忽略了内在的“美丽”，那么这样的乡村是残缺的，因此，我们要注重“协调”，实现外在美与内在美的统一。只有这样才能实现一种完整的美，只有这样才能使得人们对乡村产生向往，也只有这样才能经得住时间和历史的考验。首先，乡村建设要融入自然之中，体现地域风格和人文特色。房屋建设是具有地域风格和人文特色美丽乡村的最重要部分，因此民居设计要因地制宜，要因人制宜，同时也要因时制宜。不要追求所谓的“高大上”，不搞“面子”工程，要结合财政实际和村民意愿，有序安排重点项目。坚持“因地制宜、彰显特色”的理念，分类推进重点村、精品村的建设，使建成后的村庄形成别具一格的风貌。其次，要丰富文体活动，注重乡村文化建设，同时传统古村落、古民居的保护也成为文化建设的重要部分，只有这样才能使得每个村落都保持着自己独有的文化特质。再次，美丽乡村建设内涵的提升离不开农村优秀传统文化的弘扬和尊老爱幼优良传统的传承。在美丽乡村建设中注重通过农村传统耕读文化、孝德文化的整理和重建，充实乡村传统文化之魂，使美丽乡村成为人们共同的精神家园。不断提高村民思想素质，教育引导村民树立新风貌，养成科学健康的生活方式，培育文明乡风，激发村民共建美好家园的内在愿望和行动自觉。最后，要整合资源，提高效率。美丽乡村不仅需要建设，更需要经营。一方面，改革开放以来，特别是 20 世纪 90 年代开始的村庄环境建设改变的是屋里现代化、屋外脏乱差的问题。因此，收入水平的提高和生活品质的提升成为21世纪初实施社会主义新农村建设重点解决的问题。美丽乡村建设，则是以"五个美"建设为目标，体现了物质文明、精神文明、政治文明、社会文明、生态文明"五位一体"同时抓，是从基本小康到全面小康的升华，是从满足群众最关心、最迫切的需要到推进城乡全面融合、全面提升现代化的转变。另一方面，从村庄环境整治到新农村建设，再到美丽乡村建设，从根本上说是公共财政转移支付向农村重点倾斜的过程，也是以城带乡、以工哺农的实践过程，总体而言，还是投入拉动型的，每个村投入几百万到上千万，其投资的主要来源包括各级财政投入、村级组织自筹、农民投工投劳以及社会组织帮扶等，主体还是各级财政的以奖代补投入。要加强对这种高强度投入的经营管理，要以经营的理念来建设和管理，从建设到经营是由重点突破到整体统筹的跨越，也是由投入拉动向管理提升的跨越。要通过科学有效的管理提高投入的效率，以期实现花更少的钱办更多的事，花不多的钱办更好的事。

3. 生态优先，推进绿色发展

美丽乡村是不能靠一字两句就能讲明白的，它是一种现实的外在反映，这其中包括民风村貌、思想观念、文化素质及生活方式。美丽的环境能够让人得到熏陶、获得享受，使人自觉主动地向善向上，使人们生活得更加宁静、舒心、快乐。要倡导"绿色"，打造整洁宜居的环境。因此，首先要加强生态文明宣传教育，增强农民生态环保意识和节约意识，深入实施农村人居环境整治行动，实施垃圾、污水集中处理，实现农村生活垃圾分类减量行政村全覆盖，全面消除农村黑臭水体，彻底改变农村污水乱排、垃圾乱扔、柴草乱堆的现象。大力开展"厕所革命"，加快实现农村无害化厕所全覆盖，建设标准化公厕，逐步净化、亮化农民的家庭小环境。美丽乡村建设的基础是清洁、朴素、自然，要坚持全域覆盖，大力开展清洁乡村行动，为美丽乡村建设打好基础。其次是抓好生态环境保护，优先在房前屋后、村庄周围、村道两旁栽花种树，绿化、美化村庄的大环境，还农村田园风光、绿水青山、蓝天白云，让农民宜居宜业。最后要抓好生态利用，推动产业生态化发展和生态产业化发展，打造以生态农业、健身养生、生态旅游为核心的生态产业集群，在绿色发展中，让人民群众有更多获得感、安全感和幸福感。总之，要尊重自然、顺应自然、守护自然，慎砍树、禁挖山、少拆房，为老人留些“故园”念想，为后辈留些“根”的记忆。

4. 转型升级，推进开放发展

改革和开放是美丽乡村建设的两台“发动机”，相较于改革，推进开放发展更能为美丽乡村建设提供契机。众人拾柴火焰高，美丽乡村的建设一定是大伙共同努力的结果。推进开放发展有以下三点值得我们注意：一是要充分利用各类国家资源和国家政策进行美丽乡村的建设，我们要做到未雨绸缪，把建设工作做到前头，把规划和设计做到前头，优先建设具有开放价值的村落，主要包括景区周边等。二是要加大农村新型职业农民培训力度，实现所有自然村全覆盖，为培训合格的村民颁发“新型职业农民证书”，使新型职业农民在乡村振兴发展中起到示范带头作用，发挥“专家型”农民作用，大力推进技术和经验的输出。三是要充分利用网络和信息技术的快速发展以及快速便捷交通基础设施的兴建，让农民走出去，让市民走进来，打开彼此交流的通道，农民在此过程中要开阔眼界、学习经验，争取早日建成新时代中国特色社会主义新农村。四是美丽乡村的建设除了必要的资金以外，还需要那些离开家乡的成功人士将信息和技术以及与大市场的联系带回家乡，这样乡村能够与大市场、大城市保持着亲密联系，进一步带动乡村经济的发展和乡村与外界的联络，最终实现美丽乡村的“落地生根”。

5. 以人为本，推进共享发展

美丽乡村是为农民建设的。建设美丽乡村不是为了政绩，不是建给别人看的，而是让农民生活得更舒心。共享发展是我国提出的五大发展理念（创新、协调、绿色、开放、共享）之一。全国经济发展的成果本就应由全国人民共享，因此要充分体现“共享”，为农民建设幸福美好家园，一是基础设施建设应充分考虑农民的现实需求和需要，不能仅仅是理想化的、空中楼阁似的建设，而是让农民成为基础设施建设的真正掌控者和受益者。同时，还要充分考虑与农业产业的联系，时刻关注为农民提高收益，为美丽乡村建设打下坚实的基础。二是保证公共服务的均等化。随着我国城镇化的快速发展，越来越多的农民开始离开农村走向城市，但是，仍然有许多农民留在乡村。因此，这部分人的公共服务必须得到保证。我国城乡二元结构问题突出，公共服务由城市向农村延伸是改变城乡二元结构，实现城乡一体化的一条重要途径，是建设美丽乡村的必要条件。三是要依托建成的美丽乡村，将现代农业与乡村旅游相结合，发展乡村旅游、健身养生、电子商务、生产生活体验、文化体验等新兴业态，把农村自然风光优势和人文优势转变为经济优势，既让城里人有休闲娱乐养生的好去处，又让农民通过这样的方式快速实现财富的增长。

随着农业农村基础设施、农村文体设施、农村公共服务体系和农村生态环境等各项建设的不断推进，要进一步利用美丽乡村建设的成果，用经营的理念保护、利用、开发农村的生态资源、产业资源、人力资源，要实现从建设到经营的转变，真正实现从输血式扶持向造血式发展的跨越。让农村的发展环境不断改善、农村的发展基础不断夯实、农村发展所需的人力资源不断开发，使农村生活让城市居民更加向往。

三、美丽乡村建设的基本原则

1. 因地制宜，尊重地域的差异性

美丽乡村的建设要坚持因地制宜，充分考虑各个地区的自然环境、资源禀赋、区位条件、经济社会发展水平、民俗文化等基础条件的差异，只有区别定制适合各类村庄科学发展的规划建设思路和建设目标，才能使美丽乡村建设取得真正实效。建设美丽乡村应该全面考虑各方面因素，使得建设出来的美丽乡村具有稳定性和可持续性。优先选择集聚程度高、区位优势明显、辐射带动功能强、基层组织战斗力强、特色鲜明、村民意愿强烈的村居，开展精品村建设，提升示范带动效应，科学设计和定位景观带和精品村、节点村的功能、规模，突出建设重点，提升品质品位，以点带线、连线成片、全

面推进，努力建设区域特色鲜明、乡土气息浓郁、整体风貌协调的美丽乡村。不要大设计大规划，要精细设计和精细规划，尽量做到“一村一规划”“一村一设计”，要符合乡村发展的比较优势，符合资源禀赋的分布态势，不可逆经济规律建设。总之，一切从实际出发，在实践中总结经验，不断学习、不断改进、不断完善，最终实现地方特色突出、产业发展良好、充满活力的美丽乡村。

2. 以人为本，尊重农民的主体地位

美丽乡村建设要坚持以人民为中心，想农民所想，急农民所急，始终把广大农民群众的切身利益放在首要位置，把“以人民为中心”的思想贯穿于整个美丽乡村的建设中，赋予农民群众更多的自主权。坚持农民主体、政府主导和社会参与相结合的原则，以保障农村居民权益为出发点和立足点，动员社会各方面力量广泛参与，带动社会对新农村建设的投入，形成财政引领、金融支持、市场拉动、政策驱动、群众踊跃参与的多元投入格局。加强协调、创新机制、增强合力，共同推进美丽乡村建设。一切工作都要坚持以人为本，从村民的实际出发，全面充分为村民考虑，使得村庄充满活力。激发农民群众积极投身建设的热情，积极支持和鼓励他们发展农村生态经济，使农民群众养成自觉保护农村生态环境的良好习惯。国家的资源和政策是外力，而村民的自主性是内力，美丽乡村建设需要内力和外力共同作用，根本在内力，外力起到的是促进作用。同时，美丽乡村建设的稳定性和可持续性是我们关注的另一个焦点，我们要从长远考虑，不能为一点小利而不顾子孙后代的利益，要以打造村民的安居乐业为准绳，实现农村居民的长居久安。

3. 生态优先，尊重自然绿色发展

美丽乡村的建设要注重人与自然的和谐发展，树立尊重自然、顺应自然、保护自然的生态文明理念，整个建设过程要注重对农村生态环境加以保护，加大田园风光与自然山水等环境保护和资源节约力度，同时挖掘、开发农村生态资源，展示农村生态特色，统筹推进农村绿色低碳发展。美丽乡村之所以高于新农村建设，就是因为美丽乡村拥有“美”的特质，而这种“美”的特质主要由良好的生态环境与和谐的生活环境来表现，因此，在美丽乡村建设中要始终把生态建设当作一项重要的任务，在发展思路和发展途径上，都要运用科学的理念和方法，坚持生态优先，绿色发展。用绿色生态理念统领发展，着力构建绿色产业体系，大力发展生态经济，在经济发展和生态文明水平提高相辅相成、相得益彰的发展新路上，践行对“生态”和“绿色产业”的理解，实现高质量发展，加快建设生态家园，使农村真正走上生产发展、生活富裕、生态良好的文明发展之路，实现人与自然和谐发展。

4. 循序渐进，尊重建设过程的时序性

美丽乡村建设涉及面广，是一项耗资巨大的系统性、长期性的工程，具体建设实施过程中涉及多个部门、多个环节，因而不可能一次性全面进行建设，更不能急于求成，这就要求我们必须科学合理地制订规划，分阶段、有计划、有步骤、分批次地实施。首先，以各方面条件较好、区位优势突出、特色明显的村作为我们建设的重点，进行重点开发，使之能够带动周边村落的发展，逐步地由点及面，最终实现整体的美丽乡村建设。其次，要有一个中长期的详细规划，统筹考虑和科学设计城乡产业、人口、公共设施等合理布局，深入挖掘乡村自然资源、田园风光、乡土建筑、产业经济、传统文化和民俗风情等相对优势，把农村历史文化村落建设成为环境整洁优美、居民就业充分、社会文明和谐的重要节点。再次，建设队伍的稳定性也是非常重要的，只有保持了建设队伍的稳定性才能够实现美丽乡村建设循序渐进的发展。我们要先把力所能及的工作做好，只有这样才能为后续的建设工作打下坚实的基础。这是一项长期工作，不可能一蹴而就，我们要积量成质，循序渐进，要绵绵用力，久久为功。要村村有落实，户户都到位，让每一个乡村走向一个光明的未来之路。

5. 建章立制，注重长效机制构建

随着社会和经济的深入发展，我们越来越发现规章制度和法律的重要性，因此，我国坚持将依法治国定为国策。同样地，美丽乡村的建设也需要建章立制，只有这样我们才能在建设过程中有章可循。建章立制就是要给美丽乡村建设一个保障和可靠的环境，比如，我们的建设队伍管理需要制度，我们的财务监管需要制度，我们的规划设计同样需要制度。因此，从建章立制开始，不断积累经验，努力构建美丽乡村建设的长效机制。长效机制的构建离不开以下几个方面：首先，美丽乡村的建设队伍要相对稳定，这种稳定性是实现长效机制构建的关键点。我们一旦定下一个合理可行的方案就应该贯彻到底，不能随意变换，更不能朝定夕改。其次，美丽乡村建设不是建给人民看的，而是建给人民生活的，因此，除了专业的领导小组，我们也要让村民参与进来，只有这样才能实现建设机制的长效，当然，村民参与进来的方式以及所应享有的权利是通过建章立制确定的。最后，在规章制度的实施过程中要及时总结经验，不断追求创新，对规章制度要做讨论和修正，只有这样才能保证美丽乡村建设的稳步推进。

四、美丽乡村建设须处理的几大关系

1. 美丽乡村建设与新型城镇化的关系

新型城镇化是现代化的必由之路，是解决“三农”问题的重要途径，毋庸置疑，我国城镇化进程的快速推进，有力地带动了美丽乡村建设。通过新型城镇化建设，整合村庄、土地等各类生产要素，乡村建设也发生了翻天覆地的变化，新型农村社区越来越被依赖。土地的整合使得我国节约集约用地水平明显提升。然而，伴随着新型城镇化进程的进一步深入，我国农村的人口数量在逐步减少，农村地区的基础设施、教育医疗等公共服务如何保障，农村如何充满活力，农民如何实现财富的快速增长，农业产业化规模化如何实现，就成为突出的问题。城乡一体发展是实施新型城镇化发展战略的必要条件，只有通过这样的发展思路才能够实现美丽乡村建设。人口转移和结构转型是城市化发展的基本形态，在美丽乡村建设过程中，我们要将新型城市化和美丽乡村建设有机结合起来，走城乡统筹一体发展的新型城市化道路。一方面，要根据农村人口向城镇转移的特点和趋势，有针对性地对进城进镇农民研究制定相应政策，探索合理的承包地流转机制、宅基地自愿退出机制、集体资产产权保障等机制，让农民成为真正意义上的城镇居民。另一方面，要将基础设施建设和公共服务体系建设放在首要位置，积极推进商贸物流、金融、现代信息技术等向农村拓展和延伸，并通过改善配套基础设施和居住条件，完善公务服务，发展农村产业，盘活要素资源等，为农村农业生产发展、农民生活条件改善提供强有力的支撑，让农民真正享受到与城市均等的基础设施与社会公共服务，共享现代文明成果。

2. 科学规划与依规建设的关系

科学规划是美丽乡村建设的前提和基础。首先，在规划编制过程中，要深入分析区域的发展基础和潜力，切实尊重经济社会发展规律，充分听取当地群众意见，破解规划对接难题，凸显规划的实用性、前瞻性、科学性。坚持“统筹兼顾、因地制宜、立足长远”的原则，按照城乡一体化发展的思路，推进环境、空间、产业和文明相互支撑、整体联动，推动美丽乡村建设的功能布局和空间布局更加科学合理。力求做到有序梯次衔接，布局“一盘棋”，规划“一张图”。其次，规划必须“接地气”，可操作性要强，城市是城市，农村是农村，二者是有本质区别的；工业是工业，农业是农业，二者同样具有本质区别，二者之间可以相互借鉴，却绝不能完全同质，而应找到各自的比较优势，凸显乡村的独特优势，把农村建设得更像农村，让美起来的农村依旧是我们精神的归宿。要把美丽乡村建设作为规划实施的载体，坚持问题导向、强化顶层设计，将村民需求和产业放在项目规划和建设的重要位置，注重产业项目发展前景，做到“有规划有设计，有设计有施工”，更加有效地促进全域经济社会发展。再次，坚持把健全机制作为美丽乡村建设的重要保障，坚持任务到人、责任到人，层层抓落实，保证美丽乡村建设有序顺利开展。加强基层组织领导，坚持上下联动、齐抓共管，精心安排部署，及时研究制订实施方案，坚决杜绝为了抓政绩工程而放弃长远规划的现象。健全“政府指导、村组主导、全民参与”的美丽乡村建设机制，确保美丽乡村建设取得实质性成效。最后，在美丽乡村建设过程中严格依规实施。加强农房建设规划许可和用地审批管理，严格控制人均建设用地和建筑面积，严格执行“一户一宅、建新拆旧”制度规定，践行建设美丽乡村向经营美丽乡村的思路转变，突出“一村一品”“一村一景”“一村一韵”的建设主题，彰显地方特色，这样才能真正让人望得见山水，留得住乡愁。

3. 生态环境与产业发展的关系

产业发展是美丽乡村建设的基础和根本，一个地方的振兴，没有一个产业来带动无疑是空谈。只有产业发展了，农民才会富裕起来。农业产业化是今后农业发展的一个方向，传统农业的发展是以家庭为单元进行生产活动的，新型农业要打破这个传统，拓展农业发展新功能，将规模化、产业化、新型化农业引入到美丽乡村建设中来，拉长农业产业链，打造农业产业新业态，实现农民财富增长的多渠道，为美丽乡村的发展奠定良好的经济基础。新型农业发展逐步向产业化、规模化发展，因此，应建立现代农业产业发展体系，为美丽乡村建设提供坚实的后盾。要积极开展农村劳动力素质培训，引导农民学习和掌握科技知识，将理论教学与实操实训相结合，提升村民科学养殖、科学种植的水平和技能，专业的技能培训和科学文化知识的学习会使得“有文化、懂技术、善经营、会管理”的新型农民成为美丽乡村建设的中坚力量，建设现代化农业。要充分利用农村现有资源和市场需求发展农村二、三产业，拓宽农民增收渠道。建设美丽乡村并不仅仅是外表看上去美丽了，我们要实现外在美丽和内在美丽的统一，在与生态环境和谐相处的前提下实现农民财富的稳定而又快速的增长。未来我国将会大力发展绿色产业，我们也可以将其称为“绿色创举”，它是美丽乡村建设的高级形式，同样也是实现美丽乡村建设的必由之路。经济发展是我们需要的，财富的快速增长是我们喜闻乐见的，但所有的这些都有一个前提，那就是生态环境不能被破坏。美丽乡村建设同样需要树立这样一个理念，这也是我们建设美丽乡村的一条准则。美丽乡村建设是为后代打基础的，是讲究可持续发展的，绝不是以牺牲后代的利益实现现实的短期发展。不能以牺牲环境来换经济发展，也不能以破坏生态平衡的代价来获取短期利益，更不能殃及子孙后代，要使经济发展与环境保护相得益彰。美丽乡村建设需要各个层面的参与，但归根结底农民是建设过程中的主体，农民应该了解本地区的比较优势，根据要素禀赋的价格确定要发展的产业，充分利用市场的力量建设美丽乡村。政府的引导同样是美丽乡村建设不可缺少的部分，政府的重点扶持和重点开发会成为美丽乡村建设过程中不可忽视的力量。总而言之，以产业发展推动美丽乡村建设，不断提高村民的收入水平和幸福指数，加快形成美丽乡村建设与农民增收致富互促共进的良好局面是新时代我们建设美丽乡村的重中之重。

4. 传统风貌与现代居住的关系

美丽乡村建设既要满足新时代农民居住的要求，又要突显地方历史传统和乡村特色风貌。体现村庄个性，避免“千村一面”现象，要精心开展村庄规划设计，使村庄建设与山水有机交融，乡村特色、文化韵味得到充分展现。同时，要抓好历史文化村落的保护和利用，对与历史风貌有冲突的建筑物进行修整，保存原有村落风貌，加强对古建筑、古民居、古树名木的保护，传承乡村文化遗产，让它们古韵长存，保留着那一份浓浓的“乡愁”。要根据各地自然条件，精心选择人文主题开发设计自然山水游、历史追溯游、农业观光游、风情体验游等旅游产品，做好“山水”文章，着力培育古村历史文化休闲旅游产业。扎实开展历史文化村落环境综合整治，重新展示独具匠心的乡村风情。要深入挖掘悠久的乡村传统人文典故、民族民俗文化、宗教文化、耕读文化和地域风情等文化遗产，充分尊重乡土人情、村规民约、草根信仰等乡土传统，要借助国家和政府的力量，在保护的同时做到传承和发扬，让优秀的传统、社会规范与村民自治在美丽乡村建设中相辅相成。打造特色文化品牌，让优秀传统文化和现代文明在美丽乡村建设的过程中实现完美融合。

5. 普遍惠及与重点扶持的关系

美丽乡村建设既要突出重点，避免因资金不足而影响建设效果，又要体现普惠性，做到全面推进，惠及全体农民。美丽乡村建设，无论是基础设施建设，还是生态环境整治，都需要投入大量资金才能见成效。大部分地方政府财力有限，建设资金投入较少，创建示范村庄效果不明显。加之美丽乡村建设很多是公益性项目，投资回报低、收益少，即使是旅游等产业项目，也因投资额大、回收周期较长、回报率不高，难以有效吸引社会资本投入，社会投资积极性不高。因此，在建设中要正确处理好突出重点与全面推进的关系，体现突出亮点与普遍惠及的双重效果。一方面，在普遍惠及上要做到规划全方位，让美丽乡村建设惠及更多人民群众；做到服务全覆盖，让群众共享城乡一体化的均等公共服务，美丽乡村建设的本质是城乡基本公共服务均等化，同时这也是人民对美好生活的向往的本质。这是人民群众向往的幸福所在；做到设施全享受，使农村基础设施能够满足农民生产和生活的基本要求。另一方面，在重点扶持上要把有限的资源集中配置，扶持重点区域和重点产业，加快培育一批具有区域相对优势和个性鲜明的“精品村”，并以精品村为增长点，以精品线为扩展轴，结合“整村推进”项目建设，以点串线，以线带面，整体推进，加大资源整合力度，提升美丽乡村建设的整体水平。

6. 模式多样与目标一致的关系

开展美丽乡村建设是全国上下明确的目标，但由于各地自然资源禀赋、文化认知和经济社会发展水平上的差异，要从实际出发，特别是要突出区域特色。以甘肃省为例，可依据各地农村自然条件、居住形式、生产方式、历史文化等不同特点，探索实践以康县乡村旅游、两当县红色文化、崇信县绿色发展、泾川和宁县连片推进、金昌城乡融合发展等为代表的美丽乡村建设模式。要深刻总结和提炼各类美丽乡村建设模式的特点、适宜条件、运行机理，深入调研，勇于创新，探索美丽乡村建设的各种科学新路径，加以推广，使之起到示范带动作用，从而真正实现农村“产业兴旺、生态宜居、乡风文明、治理有效、生活富裕”的良好局面。

7. 短期效益与持续发展的关系

增强村庄的可持续发展能力是开展美丽乡村建设的重中之重。严格按照时间服从质量、进度服从效果的原则，做好美丽乡村建设的各个环节，既要讲进度，更要重质量和效果。农业产业有所谓“短、平、快”的项目，但农业的发展是需要时间孕育的，需要在把握好时间进度的同时，把握好产业发展的质量。美丽乡村建设是一项长期性、系统性、综合性的巨大工程，不可能毕其功于一役。需要全国上下以只争朝夕、时不我待的精神，在坚持时间服从质量中打赢这场伟大的战役。要通过开展美丽乡村建设，充分挖掘村庄的发展潜力，将改变村庄面貌和促进村庄长远发展结合起来。因地制宜，坚持宜农则农、宜工则工、宜居则居、宜游则游的原则，突破制约美丽乡村建设的各种因素，做大做强做优乡村特色产业，为农村持续发展积蓄力量。要充分利用土地流转契机，全面优化村域产业结构布局，拓展村庄发展空间，留足发展余地。有机结合村庄环境整治和村级集体经济发展，利用农房盖章集聚建设带来的空间和收益，大力发展村级集体经济。要紧跟城市居民向往农村、回归大自然的趋势，经营好美丽乡村，吸引更多的资本参与乡村休闲旅游、生活体验、养生健身等的开发。要创新发展思路和经营理念，为农业产业兴旺培育新动能、提供新方案、构建新模式，为农民生活富裕拓展增收新空间，从而走出一条创新驱动乡村振兴发展道路。

五、美丽乡村建设的美好愿景

美丽乡村发展目标：甘肃美丽乡村的建设在于通过促进乡村经济社会以及生态环境的健康发展，以点带线，延线扩面，在农村生态经济、农村生态环境、资源集约利用、农村生态文化、农村生态服务五方面均得到提升。逐步将我省乡村建设成为生态之美、富足之美、生活之美、文化之美、文明之美，宜业、宜居、宜游“五美三宜”的社会主义新型村庄，让农民能够更稳定地生活在农村。

一是统筹城乡规划建设，达到规划科学、布局优美的目标。秉持和落实城乡融合发展的理念，按照城乡一体化的要求做好村镇规划以及与土地利用总体规划的有机衔接工作，优化城乡布局。加大以工促农、以城带乡力度，统筹推进城乡一体化、新型城镇化、扶贫开发和美丽乡村建设。

二是切实进行村庄环境治理，达到村容整洁、环境优美的目标。把治脏作为村庄环境治理的突破口和着力点，认真开展城乡环境综合整治活动，大力推进农村垃圾、污水、厕所专项整治“三大革命”，聚力补齐农村人居环境短板。组织动员广大群众积极参与，大搞环境卫生清洁活动，切实改善群众的居住环境。倡导文明生活风尚，引导农民形成良好生活习惯。广泛开展形式多样的卫生健康教育知识宣传活动，强化社会舆论监督，从源头减少影响农村人居环境的不文明行为，引导农民群众自觉形成良好生活习惯，提高村民清洁卫生意识。要把绿化、亮化、美化作为优化农村环境的重要抓手，大力开展村庄绿化亮化活动，切实改善农村生态环境质量和农村景观面貌，边整治边提升、边清洁边绿化，开展乡村道路、农田林网、公共空间、庭院等绿化美化活动，形成村在林中、路在绿中、房在园中、人在景中的田园风光。

三是充分挖掘村庄特色产业潜力，实现创业增收、生活福美的目标。在美丽乡村建设中，要把发展农业和农村经济当作首要工作，顺应农村发展需要，找准乡村发展优势，按照产业生态化、生产园区化、产品品牌化的要求，挖掘村庄特色，根据各个村庄自身独有的特色来发展经济，大力发展高效生态农业，按照“一村一品、一村一业、一村一园、一村一景、一村一韵”的具体要求，推进农村基地建设。

四是注重农村文化教育建设，达到乡风文明、身心纯美的目标。政府引导广大农民主动学习生态环保知识，激发农民群众投入美丽乡村建设中的热情，围绕多方面主题组织开展村民喜闻乐见的活动，让乡村文明变为村民自主建设的乡风文明。定期开展“文明清洁户”评选等活动，弘扬榜样模范的正能量，激发农民重视生态文化的意识，进一步营造良好的乡风文明社会氛围。同时，加强对广大农民文化教育、专业技能等的培训，全面提高农民的科学素养、文化素养、道德素养和生态素养。

五是加快农村公共服务建设，以达到社会和谐、服务完美的目标。美丽乡村的建设要注重公共服务的建设力度，把社会事业的发展重心向农村迁移，充分发挥政府的力量，同时引入市场的力量，在这两个力量的共同作用下实现农村公共服务的有效供给。促进公共教育、医疗卫生、社会保障等公共服务向农村倾斜，建立健全全民覆盖、普惠共享、城乡统一的公共服务体系，推进城乡基本公共服务均等化，为农民提供良好的生产生活服务，让农民切身感受到美丽乡村建设为之带来的村庄整体面貌的改善、村庄生态环境的提升，真正做到村庄的完美和谐。

具体的奋斗目标是到 2025 年，建成 1500 个以上的美丽乡村示范村庄，使公共服务更便利、村容村貌更洁美、田园风光更怡人、生活富裕更和谐。甘肃省 80%以上的村庄达到环境整洁，人居环境得到根本性的改变，村庄绿化基本完成，村庄垃圾有效处理，形成一片井然有序的局面。全省基本实现安全饮水、通行政村道路硬化、危房改造的全覆盖。让农民普遍住安全房、喝干净水、走平坦路。

第七章
乡村振兴战略下推进甘肃美丽乡村建设的途径

新时代乡村振兴战略下，甘肃美丽乡村建设要充分发挥农村山水风光秀丽、农耕文化多样、人文底蕴深厚的优势，以“创新、协调、绿色、开放、共享”的新发展理念为指引，坚持建设美丽乡村和经营美丽乡村并重，把这一民心工程、德政工程抓好抓实，让美丽乡村入画来、甘肃农村换新颜。[①]

一、提高战略认识，深化和丰富美丽乡村建设

思想先于行动并引导着行动。美丽乡村建设是党的十八大提出建设美丽中国的重要组成部分，是中国特色社会主义“五位一体”总体布局的重要内容，是全面建成小康社会、推进社会主义新农村建设的重要任务，事关广大农民群众安居乐业、事关农村社会和谐稳定和农村生态环境改善、事关全面建成小康社会大局。美丽乡村建设是一项涉及面广、政策性强、任务艰巨、责任重大的系统性工程，因此，各级政府要充分认识建设美丽乡村、改善农村人居环境的重要意义。

一是各级党委、政府要站在全面建成小康社会的战略高度，不断深入农村腹地调研，全面了解农村经济发展结构，深入解析城乡利益关系，做到“庖丁解牛”般的熟悉。不断推进农村基层民主政治建设，加强农村基层党建工作，提高农村社会管理科学化水平，建立健全符合实际、规范有序、充满活力的乡村治理长效机制。抓住美丽乡村要彰显生态之美、享有富足之美、

① 欧阳坚．以新发展理念指引美丽乡村建设［N］．经济日报，2016-10-11（14）．

感受生活之美、承载文化之美、创建文明之美"五个美"，融会贯通、创新落实，在广大农村精心打造美丽中国的陇原"乡村升级版"，加快"千村美丽"示范工程的建设步伐。

二是做好宣传引导工作。美丽乡村的全面建设不能只是少数领导干部闷头苦干，要让更多的人参与进来，这时候宣传引导工作就显得尤为重要，通过多种宣传形式向社会各界人士传递美丽乡村建设的意义、要求和任务，统一思想，深入开展建设工作。深入挖掘、总结、宣传各地特别是示范乡镇和示范村在美丽乡村建设中的可行可用的好经验、好做法、好模式，帮助农民群众办实事、解难题的典型事迹，发挥主流媒体的重要作用，通过多种形式的宣传工作实现建设经验交流推广、社会各界关注度提高并积极建言献策的良好氛围。

三是坚持农民是美丽乡村建设的核心，激发村民主体意识和参与意愿。突出农民的主体地位，充分尊重农民群众的意愿，美丽乡村建设的规划、项目、方式都要经过村民代表大会讨论，积极支持企业能人、道德模范、地方乡贤带头参与建设美好家园，充分调动农民参与美丽乡村建设的积极性，把提高农民群众生态文明素养作为美丽乡村建设的重要内容。开展形式多样的生态文明知识宣传教育活动和群众生态文明创建活动，引导广大村民转变生活、生产观念，提升村民的自我管理、自我服务水平，做到镇村清洁道路，群众扫净房前屋后；政府栽树，群众种草养花。丰富完善村规民约。加强村级公共事务管理，使美丽乡村建设后续管理逐步步入制度化、规范化轨道，引导村民自觉遵守村规民约、公共事务管理等规章制度，落实管护人员和责任，健全管护经费保障办法，引导农民爱护公共设施，参与公共事务管理，避免出现公共基础设施"有人建、没人管""前面建、后面坏"，公共环境卫生"边治理、边污染"的现象，不断巩固美丽乡村建设成果。

四是多方面凝聚全民参与创建美丽乡村的共识。把高度凝聚社会各界参与创建美丽乡村共识作为提高美丽乡村建设战略认识的着力点，通过广泛开展美丽乡村宣传引导工作，达到全面而又深入地宣传。美丽乡村建设离不开农民的积极参与，要通过宣传工作，使广大群众更直接、更生动地感受到建设所取得的成效和带来的实惠，凝聚建设美丽乡村的最大共识与合力，从而更自觉、更主动地投身到美丽乡村建设中去。首先是加强村民素质教育。开展以“积极参与美丽乡村建设、房屋内外优美整洁、勤劳创业增收致富、家庭成员和睦团结、热心农村公益事业”为主要内容的美丽乡村样板户创建评选活动，为农村树立发展样板，同时，通过样板户的示范带动，营造和谐团结的农村人文环境。其次是加大清洁乡村宣传力度。以整治公共卫生设施，拆除违章乱搭乱建，清理清运垃圾，整理房前屋后乱堆放，整治农业面源污染等为突破，加大清洁乡村宣传力度，促进全民积极参与美丽乡村建设。最后是提高农民与大自然和谐相处的意识。农民是美丽乡村建设的核心，也是农村的主人翁。积极邀请农民群众参加美丽乡村建设主题活动，畅通市民监督和表达意见的渠道，只有广大农民群众拥有了较强的生态环保意识，生态文明建设才能真正取得实效。因此，各级部门应群策群力，做好生态文明建设和美丽乡村建设的宣传工作，培育农民的生态环保意识，让生态成为一种生活习惯。

二、完善基础设施，打造宜居宜业美丽乡村

改善农村环境，是建设美丽乡村的必然要求，要遵循“城乡一体、适度超前”的原则，全面改善农村基础设施建设，着力改善农村人居环境，重点建设村容村貌、道路交通、水利设施、村民活动阵地等与群众利益密切相关的联结点。

1. 加快完善乡村基础设施建设

推动城乡一体发展。要遵循“城乡一体、适度超前”的原则，将涉及农村基础设施建设的方方面面都纳入建设的规划和设计中，全省各地应充分利用交通、农业综合开发、“一事一议”、移民搬迁、扶贫、兴边富民、土地整理等各方面项目资金，整合市县两级专项投入，以及各类帮扶和乡村自有资金等，集中力量，各个突破。在全省启动“美丽庭院、干净人家”创建活动。要求围墙大门改造到位，房屋、仓房、圈舍、厕所、储粮仓建设有序，柴草堆放科学合理，庭院人行道硬化，菜园景观化，院内干净，房前屋后绿化美

化。干净人家要求室内外干净整洁，防治苍蝇、蟑螂、老鼠、蚊虫侵害有措施，讲卫生、讲文明、讲科学，生活方式健康向上。

2. 着力解决农村垃圾处理、饮水及污水排放问题

基础设施建设一直以来都是美丽乡村建设的重要内容，对于农村垃圾处理、饮水及污水排放等问题显得尤为重要。每年政府都要投入大量的资金和人才进行美丽乡村基础设施建设工作。充分利用政府力量与市场力量相结合的思路，解决农村基础设施不达标问题，改变农村现状，提升农民人居环境水平。农村生产生活垃圾较多且种类较复杂，因此，如何对这些垃圾进行处理成为美丽乡村建设的重要内容之一。应在对垃圾无害化处理的前提下，降低处理成本。对于可以二次利用的垃圾，我们可采取有效的分类，以生化堆肥或沼气发酵等方式进行处理，既能减少农村生活垃圾清运处理量，也可以提高资源化利用程度。还可以采用规模化处理的方式，通过多级收集转运，最后进行规模化处理，这样既能够降低处理成本，又能够建立垃圾处理的长效机制，通过这样的机制逐步改善农村人居环境，最终实现美丽乡村建设的落地生根。

3. 统筹资源，多渠道筹措资金

完善农村基础设施，建立均衡的、城乡一体化的基础设施供给制度，除了村民自治以外，还应寻求更多渠道实现资金的筹集和供给。美丽乡村建设必须整合资源，形成合力。一是注重财政资金引领。优先足额安排美丽乡村建设专项资金，创新资金融通模式，积极争取现代农业发展帮扶资金，争取金融机构投资支持甘肃美丽乡村建设和现代农业发展。二是统筹各类资源。努力整合联村公路、小型水利、乡村旅游等乡村建设各类财政资金，建立按工程进度拨款机制，不因资金拨付影响工程进度。明确资金统筹范围、使用原则、拨付流程和报账清算制度等，优先向美丽乡村建设项目倾斜，保证资金使用安全高效。另外，要积极引导社会资本投入美丽乡村建设，积极探索村民自筹自建模式。三是利用民间资本。美丽乡村建设应积极吸引民间资本投入，通过项目运作带动村庄整体发展。四是加强金融贷款。国际国内金融机构贷款是乡村建设资金的一个重要来源。可以寻求金融机构对基础设施、可持续性开发和其他非营利性投入等方面提供的专项资金。另外，对一些经济效益良好、见效快的项目，比如旅游景点开发、养生休闲、果蔬种植基地以及现代农业科技园等的建设向国内金融机构寻求贷款支持。

三、培育特色产业，激发美丽乡村建设内在动力

建设美丽乡村，产业是根基，富民是核心。发展优势特色产业是美丽乡村建设的重要内容，美丽乡村建设的内生动力就是发挥比较优势，建设优势特色产业，实现美丽乡村建设的长久发展。美丽乡村建设是能够带动局部地区经济发展的新的增长强点，同时也是培育农村经济新增长点的有效途径。发挥区位条件、生态资源、人文积淀等优势，强化经营村庄理念，因地制宜地发展富民产业，鼓励农民创新创业，大力提高农村产业发展水平，加快发展特色产业，推动一、二、三产业融合发展，培育壮大村级集体经济，努力形成环境美化与经济发展互促、美丽乡村与农民富裕并进的良好局面。

1. 发展现代新型农业，夯实产业发展的基础

农村三产融合发展是美丽乡村建设的重要内容，是拓宽农民增收渠道的重要举措，要把“三产融合”作为新型农业发展的战略突破点，以市场需求为导向，创新科技手段，拓展农业社会化服务机制，构建现代农业产业体系和经营体系，推动传统农业的转型升级。通过培养和造就“有文化、懂技术、善经营、会管理”的新型职业农民，专业的技能培训和科学文化知识的学习会使“有文化、懂技术、善经营、会管理”的新型农民成为美丽乡村建设的中坚力量。农业产业化会是今后农业发展的一个方向，拉长农业产业链，拓展农业发展新功能，打造农业产业新业态，最主要的是实现农民财富增长的多渠道。同时，大力推广股份合作制，组建法人合作社和股份合作体，重点推行“政府+龙头企业+金融机构+合作社+农户”的股份合作模式，通过整合优质要素资源，创新产业组织模式，让资源变股权、资金变股金、农民变股民、自然人变法人，促进农村人口集聚和产业集约，突出补齐短板，加快缩

小城乡差距，提高农业生产率和农民群众生活质量水平，加快农民群众脱贫致富奔小康，助力美丽乡村产业发展。

2. 加快富民产业培育，建立农民增收长效机制

抓住全省转方式调结构的有利契机，大力推动农业“两个转变”，把培育特色产业与美丽乡村建设紧密结合起来，促进农民持续增收。依托各地区位及资源优势，在条件较好的村庄，将生态循环放在第一位，实现资源的最大化利用，扩大无公害农产品、绿色食品和有机食品生产；加快农村现代畜牧养殖基地和生态养殖小区建设，提高畜牧业标准化、规模化养殖水平，推动畜产品向精深加工发展；发展优势特色产业。推进专业化生产、规模化经营、品牌化建设。大力发展特色种养业、农产品加工业、农村服务业，带动农民就业致富；大力发展村镇集体经济，推进村镇集体经济的发展是农村产业培育的关键，只有村镇集体经济发展了，美丽乡村的成果才能得到巩固，农民才能转化为居民，生活才能富裕。依托各地农村资源富集的优势，发展农家乐、农产品采摘、民俗文化体验等集住宿、餐饮、休闲娱乐于一体的旅游项目，创作具有浓郁地方特色的手工艺品，依据地区资源禀赋优势将美丽乡村打造成人们流连忘返的旅游胜地。

3. 创新生态经济发展模式，促进产业结构升级

生态经济建设需要整体规划和系统推进。当前甘肃乡村面临着保护区域生态环境和加快区域经济发展的双重压力，要兼顾好当前利益和长远利益，就要创新生态经济建设体制机制，激发生态经济建设主体的主动性和积极性。通过合理布局区域生态经济，走生态经济的差异化发展之路，避免相邻区域之间的恶性竞争。生态是我们美丽乡村建设过程中的准则，如果这个准则被破坏了，那么产业发展再高端也是没有意义的。因此，推进产业生态化发展，将生态引入产业发展的过程中，实现生态好且附加高的双赢局面。打造以生态农业为基础、以生态旅游业为载体，一、二、三产业融合发展的生态经济产业链。

四、优化生态环境，彰显乡村田园风光

树立生态文明理念，构建平衡适宜的乡村建设空间体系，保护和扩大生态空间，持续改善农村居民的生活条件和生产条件，做好农村产业生态化和生态产业化“两篇文章”，努力实现人水和谐、城乡和谐、区域和谐。

1. 美丽乡村建设从生态环境保护做起

生态环境保护是我们的基本责任，尤其对于美丽乡村建设更是不可缺少的。美丽乡村建设要从生态环境保护做起，要以“政策引导、技术支持、市场运作”的方式，推进美丽乡村环境的全方位保护和整治。农村环境保护的困难之处在于村落比较分散，不能实现规模化处理。在对乡村环境保护的过程中，基础设施的翻新和重建是至关重要的，这就需要政府政策的支持。在政府政策的支持下，通过社会各界的共同努力实现村容村貌整治。要加快补齐农村人居环境的突出短板，引入科技力量，推动绿色创举的实现，达到事半功倍的效果。改变农民生产生活方式，实现观念转变，把农村建设成为农民幸福生活的美好家园，给子孙后代留下良田沃土、碧水蓝天。

2. 创新农村环境治理的新机制

农村生态环境直接关系到农村自身经济社会发展，因此必须加快推进农村环境污染治理机制创新和农业生产发展方式转变。首先，大力实施有机肥替代化肥行动，推进畜禽粪污资源化利用，实现效益最大化，推进秸秆还田、秸秆的循环再利用。推广加厚地膜应用，健全回收加工机制，从源头治污，系统整治。其次，加大农村植树造林、退耕禁牧、封育保护、还林还草和水土保持等生态项目的建设力度，切实提高农村植被覆盖率。再次，引入社会监督机制。乡镇集体企业受资金和技术制约，其治污能力和意愿较低，因此，引入社会监督，可有效打击当地小作坊、小企业的排污。最后，完善农村环境立法，严格执行环境保护奖惩机制，严厉打击破坏环境行为，对造成环境污染的企业和个人严惩不贷。

3. 加大区域生态补偿力度

生态补偿是实现生态环境建设外部经济性内部化的重要途径。六盘山区、秦巴山区和甘肃藏区等重点区域既是全国重点贫困地区甚至是深度贫困地区，又是我国主体功能区战略的重要部分，面临着双重压力，可谓责任重大、任务艰巨。这些地区经济社会发展相对落后，生态脆弱，因此，必须加大区域生态补偿力度，尤其是中央财政的一般性转移支付力度。依据“利用者补偿、开发者保护、破坏者恢复”的原则，采取多种手段解决下游地区对上游地区、发达地区对不发达地区、开发地区对保护地区、受益地区对受损地区、城市对乡村的利益补偿。建立重点生态功能区逐年增长的生态补偿机制，增长速度不应低于经济社会发展速度，争取中央财政对重点生态功能区的一般性转移支付、激励性转移支付。探索设立省级生态补偿基金，完善生态环境财政奖惩制度。在条件成熟地区探索生态补偿指标转移机制，依据“谁受益、谁补偿，谁受益多、谁补偿多”的原则，让生态受益省市给予提供生态产品的地区一定的补偿，使生态受益区域承担起应有的生态补偿责任。完善政策措施，积极建立和完善生态补偿制度的法制化。

五、健全服务体系，促进城乡融合发展

加强农村基本公共教育、基本医疗卫生、基本劳动就业创业、基本住房保障、基本社会保障、基本公共文化体育、基本社会服务等公共服务体系建设，为人民群众提供比较充裕而又优质的公共服务，让农民真正享受到基本公共服务均等化，共享改革发展成果。

1. 切实完善基本公共服务

完善的公共服务是美丽乡村建设的题中应有之义。应有效对接全面小康社会指标体系，推动城市基础设施、公共服务和现代文明向农村延伸、辐射和覆盖，推进公共资源向农村流动和倾斜。拓宽农村基本公共服务供给的渠道，全方位改善农村基本公共服务，不断提升新农村建设的整体水平。现阶

段基本公共服务均等化成为美丽乡村建设的重中之重，通过对基本公共服务均等化更好地满足农民群众日益增长的物质文化需求，全面提升广大农民的生活水平和幸福指数。推进义务教育均衡发展。教育对于美丽乡村建设的影响最大并且影响最深远，对于乡村教育的投资会成为未来美丽乡村建设的决定性力量。因此，我们要充分考虑乡村的现实情况，实地调研分析，优化学校的空间布局，并且加大投入力度，全面保障教育质量。我们不光要在硬件条件方面不断缩小与城市教育的差距，还要通过学习城市学校的教学经验和教学方法不断改变乡村教育的核心内容，只有这样才能实现教育的均等化。随着城镇化的不断深入，越来越多的农民从农村向城市流动，由于现实状况的限制，一部分儿童和绝大多数的老人留在农村，那么，这部分人的基本公共服务问题成为我们切实完善基本公共服务均等化的重点。留在农村的老人的医疗保障、留守儿童的教育保障是美丽乡村建设不可缺少的部分。乡村卫生基础设施建设离不开国家政策的支持，需要加大资金投入力度，提高村民医疗卫生保障。对乡村医生进行专业培训，不断扩充他们的理论知识和实践水平，切实为美丽乡村建设做贡献。不断完善农村医疗保险、养老保险等社会保障体系，让村民们“老有所依，老有所养”。

2. 全面整治乡风文明建设

乡风民俗是乡村文化不可缺少的部分，也是美丽乡村建设的“软实力”体现。我们要不断地继承乡村优秀的传统文化，包括其中的乡风民俗，并且在继承的过程中，要不断地加入现代元素以实现对乡村文明的发扬。我们要不断地促进“物的新农村”和“人的新农村”齐头并进、共同发展，营造秩序良好、健康淳朴、文明和谐的民风乡风。从转变农民生活观念和生活习惯入手，通过宣传教育等方式，引导村民从固有观念和固有生活习惯中走出来，走向一种更加健康文明的生活方式。开展文明村、文明户创建活动；推动建立乡规民约。要倡导健康、文明、科学的生活方式，发动农民积极参与进来，参与到乡村的民间机构建立和建言献策中来，不断地增强其公信力，为美丽乡村建设做贡献。弘扬乡村优秀传统美德，不断形成社会新风尚。培育乡土特色文化，挖掘乡村文化内涵，积极创建和打造有亮点、有新意的美丽乡村特色文化，努力形成“一村一韵、一村一景”。要有美的村，更要有美的人，实现物质生活水平与建设精神文明共同进步。坚持保护、培育与传承相结合，保护农村的文化血脉，不断彰显美丽乡村的乡土特色。发掘反映村落个性的耕读文化、民族风情、民间技艺，充分展现不同特点的地域文化，保留“乡愁”的记忆，凝聚流动的人群，确保将文化遗产传承给子孙后代。创新农村社会管理，深化为民服务全程代理，抓好“阳光村务工程”，推进基层民主管理、民主决策。继续加大对弱势群体和生活困难群众的帮扶力度，着力解决好留守儿童、留守妇女、留守老人、残疾人、孤儿等特殊群体的实际问题。创新公共设施项目建设管理机制，采取鼓励村民自选、自建、自管、自用和政府监管服务相结合的形式，进一步提高公共服务设施社会效益。树立绿色发展理念，把打造绿水青山作为首要任务。注重保留和突出传统村落原有的特色资源、地貌和自然形态，体现地域特色和文化传承。

3. 推进城乡一体化发展

快捷便利的交通基础设施的兴建在推进城乡一体化发展的过程中将会起到越来越大的作用，因此，推进城乡一体化首要的就是推进连接城乡交通基础的兴建和完善。当交通基础设施得到完善后，城乡之间的联系变得越来越紧密，这对于建设美丽乡村具有极大的作用。对于传统的乡村布局来说，美丽乡村是一种新型化的乡村，它相较于传统村落来说更集中，更能实现规模化，而传统村落更分散，更不容易管理。当然，我们仍然需要尊重乡村的自然环境及其发展规律，只有这样才能找到建设美丽乡村的途径。

注重统筹城乡居民生活环境，积极推进城市基础设施向农村延伸，城市公共服务向农村覆盖，城市精神文明向农村辐射。通过全面启动实施城乡规划一体化、公交一体化、供水一体化、垃圾集中处理一体化，改善城乡服务环境。完成土地利用总体规划和城市总体规划“两规合一”，建设通村公路，全部开通县城—乡镇—行政村的公交车。制定城乡供水一体化规划，实现全省饮用水管网一体化，彻底解决城乡居民的饮水大事，探索建立“户集、村收、镇运、县处理”的城乡垃圾处理一体化运作机制。

六、拓展数字平台，以信息化点亮美丽乡村

互联网与信息技术的快速发展使得乡村的面貌发生了天翻地覆的变化，不仅给乡村生活带来了便利，而且给村民带来了经济效益。通过“互联网+”助力乡村发展，互联网基础设施的建设是以信息化点亮美丽乡村的基础，因此，全省应加强互联网基础设施建设，支持农村电商，通过电商带动当地经济的快速发展，放飞甘肃建设美丽乡村的梦想。

1. 打造美丽乡村信息化综合服务平台

信息化发展对于缩短村民和村民之间的“距离”具有很大作用。信息化的发展离不开信息平台的构建，我们可以通过各种方式构建信息化综合服务平台，这样的平台将乡村的大多数甚至全部的事务都包含在内了。打造“美丽乡村信息化综合服务平台”，以信息化技术助力甘肃美丽乡村建设。通过“党务通”信息管理平台，将更多的实时消息和学习内容推荐给大家，使得大家能够便捷准确地了解和学习党的理论和政策。例如，可以通过移动客户端建立讨论区促进农民党员之间的交流沟通。农村电商的出现如雨后春笋般，同时也给村民的生活带来了便利。农村电商有一个明显的特征就是信息化，包括引进来和走出去，将外界现代化的产品和服务引进农村，同时，将农村具有本地特色的农产品宣传出去，实现利益共赢的局面。在平安教育方面，信息化综合平台同样能够发挥重要的作用。建立“家校通”服务平台，将学生的在校动态信息及时传送给家长，通过这样的方式建立家庭与学校之间的联系，共同呵护孩子的成长。

精准扶贫是国家的一项重大工程，精准扶贫的关键点在于“精准”，精准的前提是信息的精准化，因此，充分利用信息化平台将每户村民的信息做一个详细的统计，并时时更新相关信息，只有这样才能实现精准扶贫。信息化平台的最大优点就是能够快速系统地更新相关信息，这是传统方式不具有的特点。

2. 构建基础教育的智能化校园管理平台

基础教育是我国教育事业的根本，也是我国教育事业的未来，对我国今后的社会发展以及经济发展具有决定性作用。农村基础教育是我国基础教育的重要组成部分，因此做好农村基础教育工作是实现美丽乡村建设的重中之重。随着互联网和信息技术的发展，在这样的背景下，我们应将农村基础教育与现代信息化平台相结合，通过这样的方式实现农村基础教育适应信息化，完善农村基础教育体系。推进“平安校车”4G视频监控和幼儿园“幼视通”视频监控项目顺利实施。

3. 推动农村医疗卫生信息化建设

信息化的发展的确给美丽乡村一个新的面貌。医疗卫生基础设施是村民生活的一个重要保障，将数字信息化引入农村医疗卫生中是推动农村医疗卫生建设的重要途径。互联网、大数据将农村医疗变得更加便捷，更加人性化；“数据多跑点，农民少跑点”，以实现农民就近就医。开展远程会诊项目，解决乡村老人就医难问题，充分整合线上线下资源，与三甲医院合作，实现重大疾病的远程咨询与援助，大大缩短农村患者与优质医疗之间的“距离”。

4. 搭建农村电商综合服务平台

农村电商综合服务平台将农村与世界相连通，并且这种连通具有持久性和无地域限制性。在过去，农村的传统印象是闭塞的，是欠发达的，农村电商平台的引入和出现改变了农村原有的印象，它给具有特色农产品的销售提供了契机，它也正带动着农村经济走向更强。搭建农村电商综合服务平台能够将农村这么多年以来积累的潜能给释放出来，彻底释放农村经济潜能。同时，甘肃省新型农业的发展方向是产业化和规模化，农村电商的发展与新型农业的发展是具有内在一致性的。农业产业化对于产业结构升级具有较大影响，对于农村地区经济发展作用巨大，农业的影响力变得越来越大，这对于美丽乡村建设具有重大意义。

七、传承乡土文化，提升美丽乡村文化内涵

乡土文化是中国传统文化的重要部分，村庄孕育着乡土文化，因此，美丽乡村的建设离不开乡土文化的传承。土地孕育着生命，生命是文化的根源，中国几千年的农耕文化蕴含着劳动人民的智慧。乡土文化对于美丽乡村建设来说是“软实力”的体现，是美丽乡村的灵魂。如果缺少了灵魂，那么，美丽乡村就会变得只剩下“躯体”。乡村养活了一代又一代的人们，寄托了世世代代人们的乡愁，无数的乡村支撑起我国优秀传统文化，将中国的传统文化散播在华夏大地上。人们世世代代生活的乡村已经形成了乡土人情，形成了自己的村规民约，这也正是乡土文化的一部分。在乡土文化的传承过程中，我们不光要村民自治，还要充分结合国家政策，让乡土文化源远流长。

1. 挖掘文化特色，实现文化之美

(1) 重视当地的文化传承。保护传承乡土文化，留住浓浓的“乡愁”。当地的文化，维系着一方“乡愁”，很容易提升人们的认同感和归属感。要借助国家对文化的传承保护措施，大力保护发展传统乡土文化，保护古民居，保护农村文化遗产，增加美丽乡村的魅力。要继承发扬当地的包括祭祀、婚嫁、服饰等传统风俗，保护性开发古村落、历史文物、古建筑等。同时，政府要做好全面统筹工作，边保护边开发，做到保护有效、开发有度，走稳美丽乡村建设的关键一步。稀缺性和不可再生性是历史文化遗产的重要特性，因此，历史文化遗产的保护工作就显得尤为重要，这些历史文化遗产会成为美丽乡村建设的重要支撑。相关的法律法规成为我们对历史文化遗产保护的一个准则，全面依据相关法律法规能够切实地实现对历史文化遗产的保护。尤其对于一些古民居、古遗址、古村落要进行重点保护，做到保护与开发并重，实现保护传承与经济利益的并行不悖。我们可以把这些“自然与历史文化遗产”作为本地的特色，边开发边利用，实现美丽乡村建设的更进一步发展，并采取有效措施切实予以保护。

(2) 挖掘当地文化特色。地方文化特色是美丽乡村建设的一块瑰宝。甘

肃文化资源丰富度排名全国第五，而且特色鲜明。伏羲文化、黄河文化、丝路文化、长城文化、彩陶文化、石窟文化等历史文化源远流长，内涵丰富，类型多样。红色文化、民族民俗文化多彩纷呈，非物质文化遗产丰富多彩，《丝路花雨》《大梦敦煌》《读者》等驰名中外。要从当地民俗文化传统中汲取滋养，充分开发利用，必将有助于对地方传统文化的保护和传承。同时，在美丽乡村建设过程中，要注重挖掘独特的地域文化元素，大力发展文化创意产业，造福一方百姓。

（3）精心打造特色农村文化品牌。品牌效应能够带动当地经济和财富的快速增长，因此，我们要精心打造特色农村文化品牌，实现农民增收渠道的拓宽。对于现有的一些建筑物进行宣传和记载，对于未曾命名的建筑物进行命名，可以请一些当地文化老者进行命名和题写，这样能够达到品牌的建立和传承。每个乡村都应有自己的特色，并且要把自己的特色打造成自己的文化品牌。要重视在互联网平台的营销，引进高层次营销人才，创新营销手段，主动结合市场需求，注重塑造品牌，打造品牌效应。

2. 保护农民权益，实现人之美

美丽乡村建设与农民群众生产生活息息相关，应从项目导向转向基层需求导向，充分尊重群众的意愿，发挥农民群众的主体地位，切实保护农民权益。因此，美丽乡村应当在科学规划与建设的过程中，致力于为农民谋福利，充分尊重农民的意愿，使农民群众在美丽乡村建设过程中自身的决策权、表决权和监督权能够得到充分保障，美丽乡村“建什么，如何建，建到什么程度都应该由农民说了算”，努力做到让老百姓满意，力争为百姓谋取更多的福利。农民有权对美丽乡村建设过程的各个环节提出质疑，有关部门必须接受农民群众的咨询和质疑。如此才能真正保证农民的利益，调动农民参与美丽乡村建设的主动性和积极性。只有充分调动了农民的积极性和主动性，才能保证美丽乡村建设的顺利开展，才能实现人之美。

3. 依靠农民群众，实现文明之美

各级党委和政府进一步发动、组织和依靠农民群众，按照“生产发展、生活富裕、乡风文明、村容整洁、管理民主”的要求，指导推动村庄布局的科学规划，避免村庄资源的错配现象发生，结合当地比较优势，发挥本地比较优势，做到资源的最大化利用，实现农村经济的稳定快速发展。在美丽乡村建设发展历程中，培养现代社会生活理念，引导农民提高文明程度。生活习惯和生活方式是一个村庄村民综合的体现，因此，我们要从小处入手，倡导村民多学习、多交流、多宣传、多引导，用现代方式改掉不良的生活习惯和生活方式，推进村民生活方式和生活习惯的全面进步，为美丽乡村建设打下坚实的基础。

在注重物质文明建设的基础上，要坚持“两手抓”，一手抓物质文明建设，一手抓精神文明建设，实现农民素质的增长。我们可以通过设立“孝敬父母奖”“环保奖”“外来人员风尚奖”“民间科技进步奖”“残疾学子励志奖”等民间奖项对村民的行为给予奖励，一方面可以提高村民的积极性，促进他们不断学习、不断进步；另一方面可以为乡村文明建设添上浓墨重彩的一笔。依靠农民群众，发现文明之美，践行文明行动，为美丽乡村建设夯实基础。

第八章

乡村振兴战略下美丽乡村建设的制度创新

乡村振兴战略对农业农村农民问题提出了更高要求，美丽乡村建设是乡村振兴战略具体实施的重要抓手之一，是农民脱贫致富、全面建成小康社会的重要战略任务。甘肃省作为西部欠发达省份，面临着贫困区域广、贫困人口多的实际情况，脱贫攻坚任务十分艰巨。新时期，面对任务如此艰巨、形势如此复杂的美丽乡村建设，更加需要我们牢牢把握乡村振兴战略的方向，创新体制机制，为甘肃美丽乡村建设提供强有力的制度保障。

一、加强规划设计，科学谋划美丽乡村建设

美丽乡村建设不是一蹴而就的，也不是想怎么做就怎么做的，更不是命令式就能完成的。它需要前期的试点试验、中期的周密论证、后期的细致科学规划。在此基础上，才能制订出操作性强、可行度高的最终实施方案。在规划方案时，首先要确定发展定位和方向，每个村应如何定位，具体过程必须要明了，哪些人应负责哪些工作，哪项建设的资金如何保障，哪个项目指标怎么认定等，都要考虑周全。没有公认的可行方案就应延迟推进，不能为了完成任务而仓促上马。美丽乡村建设必须坚持规划先行，加强顶层设计。将美丽乡村建设统筹谋划到地区经济社会发展全局中，作为全面建成小康社会重大举措和重要内容加以实施，确定建设目标和建设任务，分阶段、有步骤向前推进。让田园风光、农家情趣永驻乡间。要立足村情实际，对美丽乡村建设的整体布局、各功能分区、微景观塑造等进行精心规划设计，做到布局优化、定位合理、衔接有序、实施可行，体现特色和品位。

1. 科学规划、合理布局重塑美丽乡村建设新风貌

依据各地区不同资源禀赋和地理位置及经济发展条件等特点，合理规划与布局，从优化村庄建筑布局、村庄整体风貌塑造、特色优势产业发展和传统优秀文化培育上着力，打破固有的规划设计模式，提高村庄规划水平。

一要以生态优先为导向，科学规划，合理布局。应将生态优先的理念贯穿于美丽乡村建设规划的整个过程，坚持改善环境与促进发展相结合。合理规划与布局，从县域范围城乡统筹发展的角度，对农村产业发展、土地资源利用、基础设施建设和生态文明建设等进行全局规划、整体规划，因地制宜引导农民逐步适应新型农村生活方式。

二要坚持立足自身实际，因地制宜，打造特色模式。甘肃农村数量众多，发展水平各异，要充分考虑各村的区位条件、资源禀赋、产业基础、人文历史和旅游、民族特色等差异，本着因地制宜、量力而行的原则，结合每个村落的特色，坚持立足自身实际，打造特色模式，开展各具特色的美丽乡村建设。同时，还要根据甘肃农村的自然条件、生活方式、产业优势等特点，确定自己的建设标准和发展方向，特别是对农村垃圾处理、厕所改造、传统能源替代等难点问题，加大研究和攻坚力度，努力形成各具特色的美丽乡村建设新模式。

三要转变村庄规划设计理念，塑造丰富的新农村特色。规划要做到前瞻性与现实性相结合，兼顾村民的近远期利益需求。同时还要尊重发展规律和自然环境，尊重自然村落的空间生长肌理，协调各方利益和矛盾，挖掘地方文化和传统特色，努力营造自然和谐的新农村风貌。

四要坚持政府引导，充分发挥群众的主体作用。一方面，发挥政府在美丽乡村规划建设中的宏观引导作用。政府应当从村庄布局、土地整体利用、差异化设计等角度进行美丽乡村规划设计，同时，推动城乡一体化进程，统筹安排城乡基础设施和公共设施建设。另一方面，充分调动基层群众广泛参与美丽乡村建设。以深入的宣传引导农民群众参与，形成政府与农民互动的生动局面。尊重农民的主体地位，以素质的提升激发农民群众参与建设，在进行美丽乡村建设的规划时，应多次召开美丽乡村建设的听证会、研讨会等，

广泛听取群众意见，充分尊重群众意愿，保障群众的决策权、选择权和监督权。

五要科学决策，合理布局，整体安排，协调推进。根据总体规划安排，各地应根据村庄、乡镇、县域的不同资源禀赋和地理位置及经济发展条件等特点，合理规划与布局，不盲目推进，不强求硬推，因地制宜引导农民逐步适应新型农村生活方式。坚持统一要求与尊重差异相结合，预先统筹、建立机制，坚持集中规划与分步建设相结合；突出重点、讲求协调，坚持改善环境与促进发展相结合。在美丽乡村的规划设计上要注意特色彰显与整体统筹的协调推进，在规划内容上要注重社区住宅、公共设施、产业支撑、养老保险、土地流转、就业保障等规划同步安排、协调推进。在规划以农业生产为主的社区时，还应专门设计粮食储藏室、农机器具放置点、家禽家畜集中养殖点等符合农民传统习惯的设施。

2. 规划引导做好“四个坚持”“四个统筹”

根据甘肃全面建成小康社会和社会主义新乡村建设的总体要求，结合城乡大力推进生态文明建设的战略部署，切实加强领导、科学规划、明确责任，科学编制美丽乡村建设整体规划，做到各地美丽乡村建设有方案、有部署、有举措、有督促和有行动。总体来看，美丽乡村的建设应做到“四个坚持”：一是坚持规划先行，规划要做到前瞻性与现实性相结合，原则指导与刚性约束相结合，有序推进、分步实施；二是坚持从实际出发，因时因地制宜，在建设中，充分体现不同自然村的特色，适合不同自然村的发展水平；三是坚持公共服务均等化、基础设施建设一体化，加快城镇化进程，缩小城乡之间基础设施建设和社会性事业的发展差距，促进城乡基础设施和公共服务的均等化以及城乡要素的平等交换；四是坚持可持续、绿色协调发展。确保农民长久拥有土地资源和良好的生态环境，巩固、扩大农村集体经济和富民产业。美丽乡村建设是一个系统工程、综合工程，因此还要做到统筹兼顾、协调发展。一是注重规划衔接，统筹市县、乡镇、村委会、自然村四级规划；二是统筹村民住房及环境、生产生活条件改善与产业发展、公共服务与基础设施相配套；三是统筹建设项目与历史文化遗产保护、发掘、利用相协调；四是统筹美丽乡村建设中，空间布局、功能分布和发展计划的协调统一。

3. 标准化推进美丽乡村建设

甘肃各地由于区位不同、经济基础差异和民俗文化多样性，因此，不同地区美丽乡村建设的标准、路径、技术要求、类型特点等存在一定的差异性。应根据甘肃区域板块差异较大的特性，加快制定不同的美丽乡村建设地方标准和技术操作规范，完善技术标准体系，逐村编制美丽乡村建设规划，按照规模适中、彰显特色、文化传承的要求，因地制宜适度推进成片成带建设美丽乡村，保证美丽乡村建设符合实际，科学有序推进。抓紧明确重点中心村镇，优先在自然条件好、经济基础强、农民素质高的区域开展建设。

二、强化制度保障，完善组织协调制度

1. 强化美丽乡村建设组织保障

美丽乡村作为新农村建设的重要内容，各地区应该将其纳入各级社会主义新农村建设领导小组及其办公室来组织实施。明确责任部门任务分工，在组织实施过程中相关部门要履职尽责，加强沟通协作，确保美丽乡村建设工作顺利有序推进。各级党委、政府和有关部门要统一思想，提高认识，把美丽乡村建设摆上重要议事日程。县级是组织实施的责任主体，要作为一把手工程强力推进，形成齐抓共管的工作格局。建立完善“市指导、县统筹、乡村为主”的美丽乡村建设工作体系。坚持以市为主指导，在省委、省政府统一领导下，由美丽乡村建设指挥部统筹推进美丽乡村建设，指挥部办公室设市农委，负责政策调研、衔接协调、督促落实、考核验收等日常工作。市、县、乡三级都要成立美丽乡村建设领导小组，由一把手任组长，抽调精干力量，组建强有力的办公室。省市县四大班子成员每人都要分包一个重点村，其中分包给省市四大班子成员和县级党委、政府主要负责同志的重点村要建成精品村。省直单位第一书记和工作队只派往贫困村。各市县要在优先安排好贫困村驻村帮扶干部的基础上，选派好美丽乡村工作队。

2. 强化美丽乡村建设制度引导

为推进建设工作有序进行，在政策制定上，要结合甘肃各地美丽乡村建设实际，建立健全各项工作制度，明确主要任务、阶段任务、重点任务，建立责任机制、投入机制、约束机制、养护机制、宣传机制、评价机制、奖惩机制，为美丽乡村建设指明方向。重点落实"民主评议""村务公开""一事一议"等制度措施，建立健全村规民约、卫生监督等制度，加强美丽乡村的日常公共管理，形成全体村民共同保护环境、讲究卫生的责任机制和约束机制，促进美丽乡村建设管理走上规范化、制度化轨道。

3. 加强推进美丽乡村的创建工作

加快出台省级层面推进美丽乡村建设的意见，选取条件较为成熟的村作为美丽乡村建设省级重点村。对其中建设成效突出的重点村，创建具有地方特色的美丽乡村品牌，以美丽乡镇、美丽村屯、美丽县市命名称号。

4. 大力培育地方美丽乡村建设的带头人

加强对村干部和农村党员的教育引导，提高村"两委"班子战斗力，建设一个强有力的好班子。切实落实并推行村民理事会制度，实现民主选举、民主决策、民主管理、民主监督，提高村民自治水平。切实完善村务公开、村级财务管理、农村党风廉政建设、长效卫生保洁等相关制度。推进农村精神文明创建活动。扎实开展十星级文明户创建、勤劳致富标兵评选、好公婆好儿媳评选等活动，倡导和谐文明、健康向上的社会风气。

三、健全乡村治理，提高治理水平和治理能力

1. 加强基层组织，建设美丽乡村

党的基层组织是实施乡村振兴战略的核心力量，在美丽乡村建设中，要充分发挥基层党组织的核心作用，全面加强农村民主决策、民主管理、民主

监督，建立健全村规民约及农村各项设施维护运行的相关制度。以建设美丽宜居村庄为导向，以农村垃圾、污水治理和村容村貌提升为主攻方向，动员各方力量，整合各种资源，强化各项举措，加快补齐农村人居环境突出短板，为改善农村人居环境做出重要举措。

2. 建立美丽乡村建设长效管理机制

鼓励全省各地结合当地实际，建立适宜农村的运行管护机制。支持有条件的地区推行城乡垃圾污水处理统一规划、统一建设、统一运行、统一管理，积极探索推广农村社区物业管理，建立健全“农村公共设施物业化管理”制度，以市场化方式建立村庄公共基础设施、环境卫生保洁、公共服务等领域的长效管理机制；鼓励有条件的乡镇在充分尊重民意和综合考虑地方财力的基础上完善财政补贴和农户付费合理分担机制，探索建立垃圾污水处理农户付费制度，合理确定缴费水平和标准；加强督查巡视，落实管护责任。开展定期和不定期管护情况督查制度，做到集中整治和平常维护相结合，落实管护责任人，实行严格长效管护奖罚制度。

3. 创新美丽乡村建设长效资金管理模式

探索建立美丽乡村建设基础设施管理专项基金，用于支持省委、省政府出台的改善农村人居环境、历史文化村落保护利用、发展农家乐休闲旅游业、提升农民素质水平等方面政策的资金。对此，应统筹运用，使政策资金发挥最大效益。探索建立美丽乡村建设长效管理专项资金，以市县为主，采取适当补助、村自筹一点的方式，建立专项资金，用于长效管理的考核奖励。

四、深化农村改革，统筹城乡发展

要加快推进城乡发展一体化，就必须加快体制机制创新，深化农村综合配套改革，着力破除城乡二元结构，推进城乡要素平等交换、公共资源均衡配置。

1. 积极推进农村土地和产权制度改革，让农村土地资源和资产活起来

建设美丽乡村的重点在于推进农村的土地和产权制度改革，加快农村土地流转，以盘活现有土地资源拓宽融资渠道，突破农村发展困局。因此，应加快推进农村土地制度改革。推进农村土地征收、集体经营性建设用地入市改革，最大限度地激活农村土地资源。探索建立公平合理的入市增值收益分配机制，推动宅基地制度改革，研究完善农民闲置宅基地和闲置农房政策，深入探索宅基地“三权”分置改革。

深化农村集体产权制度改革，全面推进农村资产确权登记，加快建立较为完善的集体土地范围内的农民住房登记制度，让农村资产活起来。积极推动农村集体产权股份合作制改造，研究制定农村集体经济组织法，探索农村集体经济新的实现形式和运行机制，多途径发展壮大集体经济。

加快建立农村产权流转交易市场。采取政府引导、财政补助、市场化运作方式，积极推进县级农村产权交易市场建设，把土地经营权、林地使用权、森林和林木所有权等纳入产权交易市场范围，推动农村产权流转交易公开、公正、规范进行。

2. 畅通投融资渠道，建立稳步增长的投入机制

美丽乡村建设中一个最大的瓶颈和难题就是建设资金问题。从美丽乡村建设的现状来看，很多地区和部门在进行美丽乡村建设过程中，还是习惯和依赖政府的投资和专项资金，对社会资本的筹措能力和水平不高。因此，我们要积极探索建立政府引导、群众自筹、社会支持相结合的多元化投入机制，强化资金保障。不断创新融资方式，引导更多的社会资金参与美丽乡村建设，形成“政府引导、企业主体、农民参与”的资金投入方式。同时，要围绕美丽乡村建设目标要求，优化农村金融发展环境，确保有效筹集美丽乡村建设资金，推进美丽乡村建设的持续发展。

一是加大财政支持力度。省直各部门要加大资金筹措和支持力度，各市县要健全完善支持政策，设立美丽乡村建设专项资金，财政支持资金增长不低于10%。以县为平台，整合农业、扶贫、交通、水利等涉农资金向重点村

倾斜，并向有关金融机构公布整合资金数量，便于金融机构掌握美丽乡村建设的资本金投入部分，安排融资计划。以县为单位全面整合涉农项目资金，积极争取省、市项目资金建设美丽乡村。

二是整合各类资源和项目资金形成多元投入机制。统筹整合中央和省级的美丽乡村建设专项资金和各项涉农资金，发挥有限资金的引导、带动作用，集中投放打造示范点。广泛引导社会投入和农民投入，对于打造的一些旅游产品和项目，建设资金可以通过引进投资商开发的方式解决，也可以挖掘村民的智慧、吸收村民的资金，让村民真正成为村庄经营的主体。提高建设成果。各地各部门发挥财政资金“四两拨千斤”作用，将农村人居环境改善与双联行动、精准扶贫精准脱贫紧密结合，有效整合安全饮水、异地搬迁、灾后重建、危房改造、以工代赈、土地整理和基础设施建设等项目，形成财政引导、项目整合、社会帮扶、群众参与的多元化投入体系。

三是创新投融资机制。加快省、市、县三级美丽乡村投融资平台建设，按年度目标要求落实融资任务。省级融资平台资金用于省重点抓的片区和村庄建设，支持资金不平均使用，根据建设水平高低给予奖补。市级融资平台资金主要用于市级重点片区和旅游专业村、中心村等重点任务建设。县区融资平台资金主要用于县级重点片区和重点村庄的建设。

四是撬动社会资本。通过股份合作，让资源变股权、资金变股金、农民变股民、自然人变法人，解决土地节约、工商资本进入、承贷主体等问题，强力推进美丽乡村产业发展。根据确定村庄的特色和建设内容不同，采用 PPP 模式，撬动金融资本、社会和城市工商资本参与美丽乡村建设。

五是深化美丽乡村建设投融资改革。支持和鼓励金融机构加大对美丽乡村建设的信贷服务，支持各地逐步将美丽乡村建设投融资服务纳入城建投融资服务范围，支持鼓励各类投资主体以 PPP 模式参与美丽乡村建设。开展村企共建、部门联村活动，吸引社会力量参与美丽乡村建设。特别要搭建“感恩社会、回报家乡”的建设平台，引导乡贤为美丽乡村建设贡献力量。

3. 健全农村环境监管与监测体系

为了使农村的污染得到有效治理，农村的生态环境得到切实有效的保护，应建立健全农村环境监管与监测体系。一是要构建农村环境监管组织体系，加强县乡（镇）一级的环境监测机构和监察机构的标准化建设；二是构建农村环境空气、水、土壤和生态环境质量等常态监测制度，推进农村环境质量评估技术规范的制定；三是对农村重点断面、重点污染源的在线自动监测有利于提升其监管水平，实现监管的常态化、过程化；四是完善农村公众参与监管环境。提高农民环境意识，积极推动农村居民组织起来参与乡村环保事务的监管。

4. 创新体制机制，促进城乡要素优化配置

对于美丽乡村建设而言，发展要素的合理配置非常重要，因此要探索建立长效永续的美丽乡村建设和发展机制，促进城乡生产要素的自由流动和优化配置，激活美丽乡村建设的内在发展活力。深化户籍制度改革，逐步消除户籍壁垒，建立城乡人口合理流动的体制机制，推动城乡人口合理流动与有序分布。积极培养新型农业经营主体，优化乡村人口结构，促进城市成功人士、科技人员返乡回乡创新创业；重视城乡资本要素的双向合理流动，政府财政资金在加大向农村倾斜的同时，积极引导社会资本和城市富余资金进入农村；在兼顾效率和公平的基础上，建立城乡统筹可持续的土地供给需求制度，发展壮大集体经济，赋予农民更加充分而有保障的基本权益；建立现代农业产业科技创新中心，加快创新成果城乡间转移转化，推动城市科技要素融入农村农业；统筹配置与城乡空间布局结构相适应的城乡基本公共服务设施配套体系，推进城乡公共服务资源均衡配置。

五、完善协调机制，优化城乡发展格局

美丽乡村建设要坚持高质量发展，以供给侧结构性改革为主线，全面实施城乡区域协调发展战略，强化协同联动，着力破解美丽乡村建设中城乡区域协调发展机制存在的突出问题。强化相应的机制保障，加快形成统筹有力、竞争有序、绿色协调、共享共赢的城乡区域协调发展新机制。

1. 构建全省城乡区域统筹协调发展新格局

着力推进兰白区域经济一体化、河西走廊区域经济一体化、陇东南区域

经济一体化，使甘肃东西纵向实现“三核发展”的区域发展新格局，促进形成以点带线、以线促面的协同发展态势，不断优化全省生产力布局，实现海陆空间统筹发展、协调布局，更加积极融入国家“一带一路”倡议。大力推进大兰州、河西走廊、陇东南三大经济区组团发展。以兰州、酒嘉、天水为中心，突出首位城市建设，打破行政区域和城乡分割，实现错位发展，为各个区域综合性交通枢纽的发展创造有利条件。在三大经济区内推进“六个统一”，通过“统一规划、统一土地利用、统一基础设施、统一产业发展、统一环境保护、统一社会事业”，逐步实现区域城乡经济一体化。

兰白经济区协同发展要以交通互联互通为基础，以产业融合发展为支撑，发挥以大兰州为中心城市的引领作用、辐射带动作用和服务作用，推进兰州与白银的融城效应和同城化，形成基础设施互联互通、生态环境协同保护、文化旅游共同开发、产业发展合理分工、公共服务平台共建共享的协同发展局面。

河西走廊区域协同发展要立足全新起点，以合作共赢为基础，以体制机制创新为保障，务实推进酒嘉行政一体化，从省级政府层面建立河西 5 市枢纽经济高层次协调发展机制。

陇东南区域协同发展要实现资源的有机整合，融入国际陆海贸易新通道。推动陇东南地区经济错位发展，增强天水带动区域发展的支撑作用，发展装备制造和电子电工电器，打造西部先进装备制造基地、绿色生态农产品生产加工基地。强化平（凉）庆（阳）组团整合协同发展，加强产业分工协作和整合协同发展，推动石油化工、煤化工、煤电冶一体化发展，打造国家重要的能源化工基地。提升陇南经济发展水平，发展生态农产品生产加工，建设区域绿色生态农产品生产加工基地、有色金属资源开发加工基地。积极推进天水与成（县）徽（县）地区城市组团发展，建立健全跨行政区划协调机制，对接东部省份，积极承接东中部地区产业转移，共同协作提升国际化程度和对外开放水平。

2. 建立健全城乡融合发展新机制

建立健全城乡融合发展体制机制和政策体系，是美丽乡村建设的重点任务。应突破传统的“以城统乡”思路，要立足城乡区域比较优势，以资源环境承载能力为基础，在城乡协调一体和等值化原则中，强调城市和乡村共荣共生发展，重塑乡村价值、乡村社会、乡村文化。同时，构建城乡融合机制应在改革完善城乡土地制度、户籍管理制度、就业制度以及构建城乡要素配置均衡、居民收入均衡、公共服务均衡的配套机制方面着力。一是创新城乡区域合作运行机制。着力提高财政、产业、土地、环保、人才等政策的精准性和有效性，因地制宜培育和激发城乡区域发展动能，促进城乡区域协调发展新机制有效有序运行，为城乡区域经济发展和竞争力提升提供支撑和保障。二是破除制约协同发展的行政壁垒和体制机制障碍。以户籍管理制度改革为着力点，全面放开建制镇和小城市落户限制，有序开放中等城市落户限制。构建统一开放、竞争有序的市场体系，推进城乡要素平等交换，确保农民在劳动、土地、资金等要素交换上的平等权益，促进生产要素跨区域有序自由流动，提高资源配置效率和公平性，构建促进协同发展、高质量发展的制度保障。三是建立健全城乡区域互利共赢机制。按照区际公平、权责对等、试点先行、分步推进的原则，建立健全生态受益地区与生态保护地区、流域下游与流域上游通过资金补偿、对口协作、产业转移、人才培训、共建园区等方式建立横向补偿关系，不断完善横向生态补偿机制，促进区际利益协调平衡。

3. 建立健全城乡共建共享新机制

进一步加大对全省基本公共服务薄弱地区的扶持力度，通过扩大财政支出、加大均衡性转移支付力度等措施，提升基本公共服务保障能力，有效遏制城乡区域分化，逐步缩小城乡区域基本公共服务差距，推进乡村振兴战略，实施美丽乡村建设。在全省范围内加快构建生态文明体系，建立健全绿色发展促进机制、环境治理长效机制和生态文明评价机制，强化生态环境共建联防联治，进一步推动生态文明领域的治理体系和治理能力。坚持以人民为中心和以人为本的价值取向，逐步完善全民覆盖、普惠共享、城乡一体的基本公共服务体系，努力实现城乡基本公共服务均等化。

六、健全考核机制，形成科学有效的引导机制

1. 建立绿色 GDP 考核机制

GDP 指标作为单纯的经济增长观念，只反映出国民经济收入总量，对环境污染、生态破坏程度等不作统计。而绿色 GDP 指标考核内容则不仅包括经济总量增长程度，还扣除经济增长引起的生态成本和社会成本。绿色 GDP 是将经济增长与环境保护统一起来，综合性地反映国民经济活动的成果与代价的一种新的经济社会发展指标。因此，绿色 GDP 考核不仅是科学考核政府绩效的机制，也是建设西部地区美丽乡村的必然要求。甘肃在美丽乡村建设中要明确乡村生态环境建设的主体责任，通过建立并完善环境与发展综合考核机制，探索绿色 GDP 考核的实现机制，将美丽乡村建设纳入干部考核和对乡村目标管理的考评。

2. 开展美丽乡村建设评估考核

加强美丽乡村建设的考核监督和激励约束。将美丽乡村建设成效纳入地方各级党委和政府及有关部门的年度绩效考评内容中，切实增强广大干部群众建设美丽乡村的责任意识。加强考核并实施动态管理，制定考核办法，明确考核标准，强化考核督查，考核结果作为有关领导干部年度考核、选拔任用的重要依据，确保完成美丽乡村建设制定的各项目标任务。严格专项考核和实施激励政策，对美丽乡村建设确定的目标任务以及重大工程项目和重大政策等，要明确责任主体和进度要求，确保质量和效果。建立美丽乡村建设督促检查机制，适时开展检查和评估。

七、推进法治建设，为美丽乡村建设保驾护航

只有统筹推进城乡法治建设，营造农村良好的法治环境，美丽乡村才能既体现发展之美，又释放文明之美。

一是加快制定甘肃美丽乡村建设的农村环境保护综合性法规。重点包括农村环境保护规划制度、生态红线制度、生态补偿制度、公众参与制度、目标责任和考核评价制度等，完善对农村饮用水源保护、优美村镇和生态村镇建设、农村综合整治等农村生态环境保护方面的法律规定，为推进甘肃农村绿色发展确立制度基础。

二是加强乡村基层民主法治建设，为美丽乡村构筑安定有序的法治屏障。强化村民自治，实现村级管理和财务的规范化、制度化、公开化。加大对地方政府行政权力的制约，规范行政行为。加强执法力度，维护好农民的合法权益。

三是深入推进法治文化阵地建设，营造依法办事的社会氛围。结合农村的特色和实际，大力弘扬社会主义核心价值观，开展普法互动活动，倡导社会主义道德规范，促进形成良好的社会风尚。注重将良好的风俗习惯作为法律规范的有益补充，妥善办理涉及见义勇为、扶危济困、扶弱助残等公益行为的案件，促进人心教化，提升社会公德。

四是加快健全农村法律服务体系。实施法律援助惠民工程，积极为农民群众提供法律服务，对农村中的土地承包经营权纠纷，征地拆迁补偿分配，赡养、抚养、婚姻关系类家庭纠纷，民间借贷、房屋出租等法律问题提供全方位法律服务。积极引导律师、基层法律服务工作者等主动参与农村公共法律服务，及时化解农村不稳定因素，打牢农村法治文化建设的基础。

参考文献

［1］杜娜．美丽乡村建设研究与海南实践［M］．北京：科学技术文献出版社，2016.

［2］唐珂，闵庆文，窦鹏辉．美丽乡村建设系列丛书：美丽乡村建设理论与实践［M］．北京：中国环境出版社，2015.

［3］陶良虎，陈为，卢断传主编．美丽乡村：生态乡村建设的理论实践与案例［M］．北京：人民出版社，2014.

［4］庞智强．美丽乡村建设的康县模式［M］．北京：中国经济出版社，2016.

［5］杨仁法，陈洪波主编．新型城镇化与美丽乡村协调发展研究［M］．北京：经济管理出版社，2016.

［6］胡巧虎，胡晓金，李学军．生态农业与美丽乡村建设［M］．北京：中国农业科学技术出版社，2017.

［7］傅春，唐安来，吴登飞．乡村振兴：江西美丽乡村建设的路径与模式［M］．江西：江西人民出版社，2017.

［8］鲍亚元．嘉兴美丽乡村建设理论与实践［M］．北京：中国农业大学出版社，2017.

［9］朱启臻．留住美丽乡村——乡村存在的价值［M］．北京：北京大学出版社，2014.

［10］冯颖平，张国云．梦里富春［M］．杭州：浙江文艺出版社，2014.

［11］云振宇，应珊婷．美丽乡村标准化实践［M］．中国标准出版社，2015.

［12］陈文胜．农民十万个怎么做增收致富篇［M］．北京：国家行政学院出版社，2013.

［13］高成全，赵玉凤，李晓东．新型农村发展与规划［M］．成都：西南交通大学出版社，2015.

［14］沈泽江，方中华．中国美丽村庄［M］．北京：中国农业出版社，2013.

［15］占张明．浙江省县域发展比较研究［M］．杭州：浙江大学出版社，2014.

［16］王旭峰，任重，周新华．中国美丽乡村调查［M］．南昌：江西人民出版社，2013.

［17］彭新万．我国三农制度变迁中的政府作用研究1994~2007［M］．北京：中国财政经济出版社，2009.

［18］傅晨．中国农业改革与发展前沿研究［M］．北京：中国农业出版社，2013.

［19］南京市规划局江宁分局．南京江宁美丽乡村——乡村规划的新实践［M］．北京：中国建筑工业出版社，2016.

［20］北川富朗．乡土再造之力：大地艺术的10种创想［M］．北京：清华大学出版社，2015.

［21］本书编委会．中国美丽乡村建设政策汇编［M］．北京：经济管理出版社，2017.

［22］张沛．中国城乡一体化的空间路径与规划模式［M］．北京：科学出版社，2015.

［23］福武总一郎，北川富朗．艺术唤醒乡土——从直岛到濑户内国际艺术大师［M］．北京：中国青年出版社，2017.

［24］张健．大地艺术研究［M］．北京：人民出版社，2012.

［25］梁漱溟．乡村建设理论［M］．北京：商务印书馆，2014.

［26］费孝通．乡土中国·乡土重建［M］．北京：群言出版社，2016.

［27］费孝通．行行重行行——中国城乡及区域发展调查（上下）［M］．北京：群言出版社，2014.

［28］贺雪峰．新乡土中国（修订版）［M］．北京：北京大学出版社，2013.

［29］蒋伟涛．重识乡土中国［M］．北京：社会科学文献出版社，2016.

[30] 习近平. 决胜全面建成小康社会　夺取新时代中国特色社会主义伟大胜利——在中国共产党第十九次全国代表大会上的报告 [J]. 实践，2017 (11).

[31] 刘芦梅. 乡村振兴战略的时代背景及其基本内涵 [J]. 新疆社科论坛，2018 (4).

[32] 马金书. 实施乡村振兴战略的意义和方向路径 [J]. 社会主义论坛，2018 (2).

[33] 韩长赋. 用乡村振兴战略决胜全面小康 [J]. 今日国土，2017 (11).

[34] 韩喜平. 美丽乡村建设的定位、误区及推进思路 [J]. 经济纵横，2016 (1).

[35] 吴理财. 基层干群眼中的美丽乡村建设——安吉、永嘉、高淳三县区问卷调查 [J]. 党政干部学刊，2014 (7).

[36] 吴理财，吴孔凡. 美丽乡村建设四种模式及比较——基于安吉、永嘉、高淳、江宁四地的调查 [J]. 华中农业大学学报（社会科学版），2014 (1).

[37] 王文龙. 中国美丽乡村建设反思及其政策调整建议——以日韩乡村建设为参照 [J]. 农业经济问题，2016 (10).

[38] 陈锦泉，郑金贵. 生态文明视角下的美丽乡村建设评价指标体系研究 [J]. 江苏农业科学，2016 (6).

[39] 王珍子. 广东省美丽乡村建设水平评价模式研究 [J]. 现代农业科技，2014 (4).

[40] 邓生菊，陈炜. 乡村振兴与甘肃美丽乡村建设 [J]. 开发研究，2018 (5).

[41] 张国磊. 美丽乡村建设中的政府动员与基层互动——基于广西钦州的个案调研分析 [J]. 北京社会科学，2017 (7).

[42] 何得桂. 中国美丽乡村建设驱动机制研究 [J]. 生态经济，2016 (3).

[43] 郑文堂. 美丽乡村建设背景下乡村传统文化保护与传承 [J]. 现代

化农业，2015（2）.

［44］金波．在美丽乡村建设过程中构建农村参与式生态补偿机制［J］．贵州社会科学，2016（1）.

［45］陈润羊．西部美丽乡村建设中环境经济协同推进的重点领域［J］．资源开发与市场，2016（7）.

［46］于法稳．美丽乡村建设实践及理论提升——基于基层的调研［J］．中国井冈山干部学院学报，2016（2）.

［47］刘彦随，周扬．中国美丽乡村建设的挑战与对策［J］．农业资源与环境学报，2015（2）.

［48］林永然．产业生态化与美丽乡村建设的互动发展研究——以浙江省安吉县为例［J］．兰州财经大学学报，2016（1）.

［49］李新文．美丽乡村是建设幸福美好新甘肃的基础工程［J］．兰州交通大学学报，2014（5）.

［50］高积鑫．甘肃贫困偏远乡镇开展美丽乡村建设的认识与思考［J］．北京农业，2014（36）.

［51］邱家洪．中国乡村建设的历史变迁与新农村建设的前景展望［J］．农业经济，2006（12）.

［52］和沁．西部地区美丽乡村建设的实践模式与创新研究［J］．经济问题探索，2013（9）.

［53］何东升．新型城镇化视域下的美丽乡村建设［J］．延边党校学报，2015（6）.

［54］段汉明，李会．美丽乡村的规划理念［J］．河南工业大学学报（社会科学版），2016（1）.

［55］王伟强，丁国胜．中国乡村建设实践演变及其特征考察［J］．城市规划学刊，2010（2）.

［56］谢扬．新型城镇化与美丽乡村建设双轮驱动［J］．人民论坛，2016（15）.

［57］潘国亮．基于农村生态文明视角的美丽乡村建设分析［J］．农村经济与科技，2015（12）.

[58] 陕西省财政厅综改办课题组．陕西省美丽乡村建设的路径选择研究——丹凤、大荔、太白县的典型调查 [J]. 西部财会，2015 (1).

[59] 于洋．美丽乡村视角下的农村生态文明建设 [J]. 农业经济，2015 (4).

[60] 陈苹．美丽乡村之认识及规划 [J]. 西部大开发，2014 (11).

[61] 谢清斌．欠发达山区县美丽乡村建设的路径探析 [J]. 农村经济与科技，2016 (4).

[62] 樊亚明．景村融合理念下的美丽乡村规划设计路径 [J]. 规划师，2016 (4).

[63] 葛家君．美丽乡村内涵性发展研究 [J]. 城乡建设，2015 (5).

[64] 黄磊．美丽乡村评价指标体系研究 [J]. 生态经济，2014 (1).

[65] 秦华．美丽乡村建设应注重的几个问题 [J]. 农业经济，2015 (12).

[66] 王伟强，丁国胜．中国乡村建设实践的历史演进 [J]. 时代建筑，2015 (3).

[67] 刘君．城乡统筹背景下美丽乡村建设的实践与探索 [J]. 江南论坛，2014 (7).

[68] 张建锋，吴灏，陈光才．乡村评价的美丽指数研究 [J]. 农学学报，2015 (11).

[69] 刘奇葆．以美丽乡村建设为主题　深化农村精神文明建设 [J]. 党建，2015 (9).

[70] 唐芳．生态文明建设视域下的美丽乡村建设 [J]. 信阳农林学院学报，2016 (1).

[71] 高兴明．实施乡村振兴战略要突出十个重点 [J]. 农村工作通讯，2018 (13).

[72] 高兴明．乡村振兴十重点 [J]. 西部大开发，2018 (3).

[73] 张俊飚．乡村振兴战略：怎么看，怎么办 [N]. 湖北日报，2017-11-12.

[74] 汪洋．加快推进农村人居环境建设 [J]. 农业经济研究，2014

(2).

[75] 刘合光. 乡村振兴战略的关键点、发展路径与风险规避 [J]. 新疆师范大学学报, 2018 (3).

[76] 中共中央 国务院印发《乡村振兴战略规划 (2018~2022)》[J]. 农村工作通讯, 2018 (18).

[77] 郑向群, 陈明. 我国美丽乡村建设的理论框架与模式设计 [J]. 农业资源与环境学报, 2015 (2).

[78] 池泽新, 黄敏, 赵海婷. 美丽乡村建设: 理论依据和现实条件——以江西省为例 [J]. 农林经济管理学报, 2015 (1).

[79] 刘之扬, 孙志国, 钟儒刚. 武陵山片区中国传统村落保护与美丽乡村建设 [J]. 浙江农业科学, 2013 (11).

[80] 王瑞红. 强化绿色 GDP 发展 打好"绿色资本"牌 [J]. 资源与人居环境, 2015 (11).

[81] 洪淑媛, 张远环, 朱纯. 美丽乡村建设中存在的误区及措施 [J]. 广东园林, 2014 (3).

[82] 李技文. 西部民族地区美丽乡村建设的实践与对策研究 [J]. 贵州师范大学学报 (社会科学版), 2014 (2).

[83] 陈墨. 一座村庄的艺术之路 [J]. 农村·农业·农民, 2016 (5).

[84] 董强, 宋艳贺. 试论民族地区内涵式公共空间之美丽乡村构建 [J]. 大理学院学报, 2015 (9).

[85] 万江, 金智青等. 闵行区美丽乡村建设探索与研究 [J]. 上海农业科技, 2016 (2).

[86] 鲁雪峰. 特色小镇的发展目标与建设策略——以金昌市为例 [J]. 开发研究, 2018 (2).

[87] 王翔. 美丽乡村建设国家标准发布 [J]. 农村工作通讯, 2015 (12).

[88] 寇怀云, 章思初. 新农村建设背景下的传统村落保护变迁 [J]. 中国文化遗产, 2015 (1).

[89] 孙金龙. 建设美丽乡村——美丽湖南要靠美丽乡村打基础 [J]. 新

湘评论，2016（5）.

［90］欧阳坚．以新发展理念指引美丽乡村建设［N］．经济日报，2016-10-11.

［91］于成景．美丽乡村建设中存在的问题和解决对策［J］．绿色科技，2017（21）.

［92］李金明．补齐发展短板　建设美丽乡村［J］．中国生态文明，2017（6）.

［93］胡志酬，张显．瑞安市美丽乡村建设的实践与探索［J］．新农村，2014（6）.

［94］蓝宇婷．我国美丽乡村建设存在的问题与对策探析［J］．现代化农业，2017（9）.

［95］李斌．顺应群众的期待　尊重群众的意愿［J］．中国食品，2013（3）.

［96］深化美丽乡村建设的问题导向［EB/OL］．（2013-11-26）［2016-03-22］. http：//blog. sina. com. cn/s/blog_4dc00f6c0101htl2. html.

［97］陈善鹤．美丽乡村建设实践模式探索［D］．上海：华东理工大学硕士学位论文，2014.

［98］田继胜．全域旅游导向下的大洼区美丽乡村规划提升研究［D］．沈阳：沈阳建筑大学硕士学位论文，2018.

［99］林碎君．生态文明视角下建设美丽乡村的路径研究——以温州市文成县为例［D］．南昌：江西农业大学硕士学位论文，2016.

［100］禹杰．美丽乡村建设的理论与实践研究［D］．金华：浙江师范大学硕士学位论文，2014.

［101］李盼伟．潍坊移动多措并举助力我市“美丽乡村”建设［EB/OL］．［2016-11-01］. http：//weifang. dzwww. com/wfxwn/201611/t20161101_15087544. htm.

［102］杨帆．“五化”同步　建设美丽乡村［N］．双鸭山日报，2016-05-19.

［103］岳继和．美丽宜居乡村建设规范解读［J］．大从标准化，2017（1）.

［104］陈静伟．美丽乡村建设评价研究——以保定市司徒村为例［D］.

石家庄：河北师范大学硕士学位论文，2016.

[105] 黄曦红．湘乡市美丽乡村建设模式及效益评价 [D]. 长沙：湖南师范大学硕士学位论文，2016.

[106] 范尚春，杨晨亮．信息化点亮菏泽美丽乡村——菏泽移动多措并举助力我市“美丽乡村”建设 [N]. 菏泽日报，2016-11-08.

[107] 王院成．以新型城镇化引领美丽乡村建设 [N]. 河南日报，2015-04-30.

[108] 倪国良．美丽乡村中国农村发展的未来愿景 [N]. 甘肃日报，2016-06-27.

[109] 李克明．美丽乡村提出的过程、意义及内涵 [N]. 毕节日报，2014-09-25.

[110] 仁民．全国美丽乡村创建十大模式 [N]. 安徽日报农村版，2013-12-20.

[111] 李堋，梁亚民，庞智强．美丽乡村建设的康县模式 [N]. 甘肃日报，2015-09-28.

[112] 邵海鹏．叶兴庆等接受第一财经日报采访解读乡村振兴战略 [N/OL]. 国务院发展研究中心，2017-10-30.

[113] 邵海鹏．乡村振兴战略全面激活农村发展新活力 [N]. 第一财经日报，2017-10-27.

[114] 魏后凯．坚定不移地实施乡村振兴战略 [EB/OL]. [2017-11-03]. http://theory.gmw.cn/2017-11/03/content_26688231.htm.

[115] 中农办主任韩俊解读“实施乡村振兴战略” [EB/OL]. [2017-10-25]. http://www.ndrc.gov.cn/fzgggz/ncjj/zhdt/201710/t20171025_864829.html.

[116] 乡村振兴 决胜全面小康的重大部署——专访农业部部长韩长赋 [EB/OL]. [2017-11-16]. http://www.gov.cn/zhengce/2017-11/16/content_5240038.htm.

[117] 党的十九大报告学习辅导百问 [M]. 北京：党建读物出版社，学习出版社出版，2017

[118] 甘肃康县2016年全面小康暨美丽乡村建设成果发布．陇南康县微信

公众平台［EB/OL］.［2016－12-25］. https：//mp. weixin. qq. com/s? _biz = MjM5MDE1NTAzNg = = &mid = 2651366037&idx = 1&sn = d97d7b50a 310d131c326 cc857ee1b3c2&chksm = bdb52ae68ac2a3f03ef63ae22c992551aa0dc9a27c0cab75ecb5e 0626e26cdfbf0c5ddd 88883&mpshare = 1&scene = 1&srcid = 1225ufAyUgWRgZ3EcR b3ztSa&pass_ticket = GOnvMse%2Bw0OCT%2Bullejjio Rm34iL4szJ8HjduNhetWRTS 3rmFNNSAKjUvjH4yrcG#rd.

［119］魅力康县　美丽乡村［EB/OL］.［2018－05－18］. http：//gs. people. com. cn/BIG5/n2/2018/0518/c358184-31594223. html. http：//gs. people. com. cn/GB/n2/2018/0518/c358184-31594223. html.

［120］康县美丽乡村建设经验泽惠他乡 . 陇南康县微信公众平台［EB/OL］.［2018-05-08］. https：//mp. weixin. qq. com/s? _biz = MjM5MDE1NTAzNg = = &mid = 2651376949&idx = 1&sn = e13922d87a3f0c61fc3d03ed95dcdfbe&chksm = bdb545468ac2cc 50fc4bbfdf97d82647d67397b621825a349fe93c5a88ad1e4c4e911f397406&mpshare = 1&scene = 1&srcid = 0508tOOn9mqOUO1mpW64dx7N&pass_ticket = GOnvMse%2Bw0 OCT%2BullejjioRm34iL4szJ8HjduNhetWRTS3rmFNNSAKjUvjH4yrcG#rd.

［121］美丽乡村建设彰显康县魅力［N］. 陇南日报，2016-03-15.

后　记

《美丽乡村的规划建设与模式选择——基于甘肃的经验》历经两年的研究撰写和修改打磨，与读者见面了。2017 年，以甘肃省社会科学院资源环境与城乡规划研究所研究人员为主的研究团队，基于多年来对乡村建设的研究和积累，受中共甘肃省委农村工作办公室的委托，承担了《甘肃美丽乡村建设的探索与实践》的课题研究工作，本书正是基于该课题的主要研究成果编撰完成的。

美丽乡村建设是在新形势下以新发展理念为指导的深刻的农村综合变革，核心在于解决乡村经济发展、乡村人居环境和乡村文化传承等问题。然而，从区域发展和城乡发展的现实来看，作为西部内陆欠发达的省区，甘肃农村的发展水平普遍较低，美丽乡村建设的差距大、困难多、任务重，成为影响我国实现全面建成小康社会和建设美丽中国的最薄弱区域之一。本书力图以开放眼光辩证审视国内外乡村建设的实践，立足甘肃省情实际，客观系统总结甘肃美丽乡村建设的实践与模式，理性评价其建设成效。在此基础上，在乡村振兴战略背景下，探寻新时代西部欠发达地区美丽乡村建设的模式和路径，具有积极的理论和实践意义。

本书写作过程中，研究团队多次开展专题学术研讨，深入实地调研了张掖、庆阳、陇南、天水、甘南等地的美丽乡村建设情况，与政府部门、乡村干部、农民群众深入座谈交流理论和实践问题，组织开展问卷调查，形成了课题研究的主要成果。在课题研究过程中，原中共甘肃省委农村工作办公室主任周兴福同志对课题的研究思路和框架给予了总体指导，原中共甘肃省委农村工作办公室相关处室对本课题研究给予了大力支持和帮助，并参与了课题研究思路和框架的讨论、调研选点及相关协调工作等。相关市州农村工作办公室对我们调研工作也给予了热心支持，在此一并表示感谢。

何苑研究员负责全书的框架设计和统稿，邓生菊副研究员参与了统稿和编校工作，鲁雪峰副编审负责全书的校对。本书各章节执笔者是：绪论（何苑）、第一章（梁仲靖、邓生菊）、第二章（李巧玲）、第三章（邓生菊）、第四章（张博文）、第五章（邓生菊、张博文、张永刚、刘春生）、第六章（马大晋）、第七章（马大晋）、第八章（马继民）。

感谢本书的写作团队，克服困难，积极参与调研和讨论，反复修改文稿，为本书的写作提供了智力支持。感谢鲁雪峰副编审的细心编校，感谢经济管理出版社杨雪老师为本书出版所付出的辛勤劳动，感谢所有关心、关注本书的人们。由于我们的时间和水平有限，书中难免有疏漏之处，恳请读者批评指正。

编者

2019 年 6 月